普通高等教育“十一五”国家级规划教材
全国交通土建高职高专规划教材

Gongcheng Shigong Yongdian

工程施工用电

（第二版）

郭远辉　王世良　主　编
张光函［四川大学］
祝立生［中交第一公路工程局有限公司］　主　审

人民交通出版社

内 容 提 要

本教材为普通高等教育“十一五”国家级规划教材、全国交通土建高职高专规划教材。全书共四章，较全面地阐述了公路与桥梁工程机械化施工中常用的各种工程机械电气装置的组成、工作过程，施工场地供电设计，典型工程机械电气系统的组成、功能及基本工作过程，机械化施工技术与安全管理的一般知识。本书可供高等职业院校道路桥梁工程技术专业和工程机械专业教学使用，也可作为相关行业岗位培训或自学用书，同时可供工程机械维修人员学习参考。

图书在版编目（CIP）数据

工程施工用电/郭远辉，王世良主编．—2版．—北京：人民交通出版社，2008.6

普通高等教育“十一五”国家级规划教材．全国交通土建高职高专规划教材

ISBN 978-7-114-07231-4

Ⅰ.工… Ⅱ.①郭…②王… Ⅲ.建筑工程—施工现场—用电管理—高等学校；技术学校—教材 Ⅳ.TU731.3

中国版本图书馆CIP数据核字(2008)第089507号

普通高等教育“十一五”国家级规划教材
书　　名：全国交通土建高职高专规划教材
工程施工用电（第二版）
著 作 者：郭远辉　王世良
责任编辑：卢仲贤　郑蕉林
出版发行：人民交通出版社
地　　址：(100011)北京市朝阳区安定门外外馆斜街3号
网　　址：http://www.ccpress.com.cn
销售电话：(010)59757969，59757973
总 经 销：北京中交盛世书刊有限公司
经　　销：各地新华书店
印　　刷：北京凯通印刷厂
开　　本：787×1092　1/16
印　　张：8.5
字　　数：193千
版　　次：2001年10月　第1版
2008年7月　第2版
印　　次：2009年5月　第2版　第2次印刷　总第12次印刷
书　　号：ISBN 978-7-114-07231-4
印　　数：37001~40000册
定　　价：16.00元

全国交通土建高职高专规划教材编审委员会

总 序

针对高职高专教材建设与发展问题，教育部在《关于加强高职高专教材建设的若干意见》中明确指出：先用2至3年时间，解决好高职高专教材的有无问题。再用2至3年时间，推出一批特色鲜明的高质量的高职高专教育教材，形成**一纲多本、优化配套**的高职高专教育教材体系。

2001年7月，由人民交通出版社发起组织，15所交通高职院校的路桥系主任和骨干教师相聚昆明，研讨交通土建高职高专教材的建设规划，提出了28种高职高专教材的编写与出版计划。后在交通部科教司路桥工程学科委员会的具体指导下，在人民交通出版社精心安排、精心组织下，于2002年7月前完成了28种路桥专业高职高专教材出版工作。

这套教材的出版发行，首先解决了交通高职教育教材的有无问题，有力支持了路桥专业高职教育的顺利发展，也受到了全国各高职院校的普遍欢迎。

随着高职教育教学改革的深入发展、高职教学经验的丰富与积累，以及本行业有关技术标准、规范的更新，本套教材在使用了2至3轮的基础上，对教材适时进行修订是十分必要的，时机也是成熟的。

2004年8月，人民交通出版社在新疆乌鲁木齐召开了有19所交通高职院校领导、系主任、骨干教师共41人参加的教材修订研讨会。会议商定了本套教材修订的基本原则、方法和具体要求。会议决定本套教材更名为"交通土建高职高专统编教材"，并成立了以吉林交通职业技术学院张洪滨为主任委员的"交通土建高职高专统编教材编审委员会"，全面负责本套教材的修订与后续补充教材的建设工作。

2005年6月，编委会在长春召开了同属交通土建大类、与路桥专业链接紧密的"工程监理专业、工程造价专业、高等级公路维护与管理专业"主干课程教材研讨会，正式规划和启动了这三个专业教材的编写出版工作。

2005年12月，教育部高等教育司发布了"关于申报普通高等教育'十一五'国家级规划教材"选题的通知（教高司函[2005]195号），人民交通出版社积极推荐本套教材参加了"十一五"国家级规划教材选题的评选。

2006年6月，经教育部组织专家评选、网上公示，本套教材中有十五种入选为"十一五"国家级规划教材，2008年1月，又有六种教材在"十一五"国家级规划教材补报中列选，共计21种，标志着广大参与本套教材编写的教师的辛勤劳动得到了社会的认可、本套教材的编写质量得到了社会的认同。

2006年7月，交通土建高职高专统编教材编审委员会及时在银川召开会议，有24所各省区交通高职院校或开办有交通土建类专业的高等学校系部主任、专业带头人、骨干教师以及人民交通出版社领导共39位代表出席了本次会议。会议就全面落实教育部"十一五"国家级规划教材的编写工作进行了研讨。与会代表一致认为必须以入选的十五种国家级规划教材为基本标准，进一步全面提升本套教材的编写质量，编审委员会将严格按照国家级规划教材的要求审稿把关，并决定本套教材更名为**"全国交通土建高职高专规划教材"**，原编委会相应更名为**"全国交通土建高职高专规划教材编审委员会"**。以期在全国绝大多数交通高职院校和开办有交通土建类专业的高等院校的参与、统筹、规划下，本套教材中有更多的进入"十一五"国家级规划教材行列。

2007年5月，编委会在湖南长沙召开工作会议，就"十一五"国家级规划教材主参编人员的确定和教材的编写原则作出了具体安排，全面启动"十一五"国家级规划教材的编写与出版工作。

2008年4月，编委会在广东珠海召开工作会议，研讨了**"工学结合"**高职高专教材编写思路，决定在"十一五"国家级规划教材编写过程中，注重高职教学改革新方向，注重工程实践经验的引入，倡导**"工学结合"**。

本套高职高专规划教材具有以下特色：

——顺应交通高职院校人才培养模式和教学内容体系改革的要求，按照专业培养目标，进一步加强教材内容的针对性和实用性，适应学制转变，合理精简和完善内容，调整教材体系，贴近模块式教学的要求；

——实施开放式的教材编审模式，聘请高等院校知名教授和生产一线专家直接介入教材的编审工作，更加有利于对教材基本理论的严格把关，有利于反映科研生产一线的最新技术，也使得技能培训与实际密切结合；

——全面反映2003年以来的公路工程行业已颁布实施的新标准、规范；

——服务于师生、服务于教学，重点突出，逐章均配有思考题或习题，并给出本教材的参考教学大纲；

——注重学生基本素质、基本能力的培养，教材从内容上、形式上力求更加贴近实际；

——为加强学生的实际动手能力，针对《工程测量》、《道路建筑材料》等课程，本套教材特别配套有实训类辅导教材；

——为方便教学，本套教材配套有《道路工程制图多媒体教材》、《公路工程试验实训多媒体教材》、《路基路面施工与养护技术多媒体教材》、《桥涵设计多媒体教材》、《桥涵施工技术多媒体教材》、《现代道路测量仪器与技术多媒体教材》等。

本套教材的出版与修订再版，始终得到了交通部科教司路桥工程学科委员会和全国交通职教路桥专业委员会的指导与支持，凝聚了交通行业专家、教师群体的智慧和辛勤劳动。愿我们共同向精品教材的目标持续努力。

向所有关心、支持本套教材编写出版的各级领导、专家、教师、同学和朋友们致以敬意和谢意。

全国交通土建高职高专规划教材编审委员会
人民交通出版社
2008年5月

第二版前言

本教材第一版于2001年10月出版。经过全国各交通职业院校近7年教学实践的检验，本书得到了相关院校师生的肯定与好评。2006年6月被教育部评为“普通高等教育‘十一五’国家级规划教材”。随着我国公路建设的快速发展，本书的内容亟待更新。在全国交通土建高职高专规划教材编审委员会的统一协调下，根据“十一五”国家级规划教材的编写要求，在充分吸取各使用院校和工程单位意见的基础上对本书进行了重新编写。2007年4月，全国交通土建高职高专规划教材编审委员会在湖南交通职业技术学院召开了“‘十一五’国家级规划教材编写工作会议”，会议对所属专业的教材编写工作提出了新的要求。根据目前各院校的教学特点，会议决定将原《工程机械与施工用电》一书分为两本书进行编写，其一为《工程施工用电》，其二为《工程机械施工》，此教材正是基于本次会议精神而写。

全书共分四章，第一章公路工程施工设备常见控制电路，使学生学会运用电路基础知识分析工程机械中常见控制电路及电气元件的选用方法；第二章常见工程机械电气系统，使学生学会运用直流电基础知识，掌握工程机械电气系统组成及几大主要系统的控制原理；第三章路桥施工供电，使学生了解路桥施工供电和电网供电的基本原理，掌握施工供电设计的基本方法；第四章机械设备与机械化施工管理，使学生掌握设备的使用管理及机械化施工安全管理的基本方法。

本教材由四川交通职业技术学院郭远辉担任主编，由中交第一公路工程局有限公司祝立生高级工程师、四川大学张光函教授主审。本教材执笔情况如下：四川交通职业技术学院郭远辉具体负责第一章和第三章的编写及全书的统稿工作，四川交通职业技术学院王世良老师任副主编，具体负责第二章和第四章的编写工作。

由于编者水平有限，书中不足之处请各位读者批评指正。

编　者

2008年5月10日

第一版前言

高等级公路建设的特点是:工程量浩大,工程质量要求高,施工工艺复杂,建设周期短,施工战线长,投资回收快。为了适应现代化建设的要求,达到提高施工质量、加快施工进度、降低施工成本的预期目标,就必须以现代化的生产模式进行机械化施工。

要实现机械化施工,每一项公路工程,无论是新建、改建还是大修,都必须配备足够种类、规格和型号的各种施工机械和电气设备。同时,以先进的施工技术、合理的施工组织、科学的施工管理进行施工。为了满足公路工程机械化施工的要求,目前,各个施工企业都特别注重对综合性人才的培养,并引进了许多性能优良、技术先进的大型(或专用)的施工机械和电气设备,以提高其机械化施工的水平。

一、《工程机械与施工用电》的编写

为了适应现代公路工程机械化施工的要求,根据交通教职委路桥工程学科委员会和路桥专业委员会意见。2000 年 7 月在贵州交通职业技术学院召开的"路桥专业教材及参考书编写工作会"决定,对原《工程机械》(朱保达主编)统编教材进行修订完善后,转为交通职业技术院校路桥专业通用教材,并委托人民交通出版社正式出版发行。

同年 8 月,在四川交通职业技术学院召开了《工程机械与施工用电》教材编写工作会。参加会议的人员有:人民交通出版社的卢仲贤,路桥工程学科委员会、专业委员会副主任、贵州交通职业技术学院的张润虎,路桥工程学科委员、四川交通职业技术学院的李全文,教材中工程机械部分主编、湖南交通职业技术学院的王定祥;教材中施工用电部分主编、四川交通职业技术学院的郭远辉;教材主审、烟台师范学院交通学院的徐永杰;教材参编;河北省交通学校的尚晓梅和四川交通职业技术学院的陈斌。本次会议的主题是:

1. 对新教材编写的基本思想和注意事项进行了研讨:强调突出职教特点,注意路桥工程的实用性,具有一定的超前意识,能适应高职和中专两个层次的教学,并纳入学分制评分标准;

2. 对编写教材注意事项做了详细说明。

2001 年 5 月,在河北省交通学校召开了《工程机械与施工用电》教材的审定会。本次会议的主题是:

1. 对已编写好的各部分内容进行审定,找出存在的不足,加以完善补充;

2. 统一编写格式,确定定稿时间。

以上三次会议,会议期间都及时向路桥工程学科委员会、专业委员会柴金义主任,学科委员会、专业委员会金仲秋、马健中、李加林等三位副主任和各委员通报了会议的具体情况。

二、《工程机械与施工用电》的内容和特点

本教材充分考虑了机械化施工的发展情况,从目前公路工程机械化施工的实际出发,按机电的用途归类编章:第一章工程机械基础,主要叙述内燃机和工程机械底盘各系统的组成、构造原理及性能等基本知识;第二章土石方工程机械;第三章压实机械;第四章路面工程机械;第五章桥梁工程机械;第六章养护机械,分别叙述了各种机械的组成、工作装置构造、操纵机构、

机械的用途和性能、施工技术、施工作业和机械选用等知识；第七章电工电子技术基础，主要叙述电工电子的基本知识；第八章路桥施工常用电气，主要叙述各种常用电气的组成、工作原理和选用；第九章路桥施工供电，主要叙述电网供电、工地照明和路桥施工供电设计；第十章机械设备和施工管理，主要叙述机械和电的“管、用、养、修”方面的基本知识。

本教材公路工程机械部分由湖南交通职业技术学院的王定祥主编，施工用电部分由四川交通职业技术学院的郭远辉主编。第一、三章由河北省交通学校的尚晓梅编写，第二章土方机械由王定祥编写，第二章石方机械、第六章由南京交通职业技术学院的沈旭编写，第四章由烟台师范学院交通学院徐永杰编写，第五章由湖南交通职业技术学院的单新周编写，第八、九章由四川交通职业技术学院的郭远辉编写，第七、十章由四川交通职业技术学院的陈斌讲师编写。全书由烟台师范学院交通学院的徐永杰主审。

本教材适用于高职路桥专业和工程机械专业学生教学使用，也可作为公路工程机械化施工企业技术人员和管理人员指导机械化施工使用，同时也可作为公路工程机械化施工人员的培训教材。

本教材主要面向路桥专业学生的教学，而路桥专业的学生对机械构造、机械原理、材料性能与加工、机械制图与识图等知识相对比较缺乏。因此在编写过程中，以机械的施工技术、施工组织和选用为主，以机械构造为辅。在编写机械构造和原理时，尽量选用现用主打和先进超前的机型，并选配外貌图和简单平面图，以提高学生的兴趣和接受能力。

本教材在编写过程中，得到了各参编人员所在院校的领导和教师的大力支持，并提出了许多宝贵的意见，特别是四川交通职业技术学院的李全文、贵州交通职业技术学院的张润虎、湖南交通职业技术学院的彭运钧、烟台师范学院交通学院的于郭荣、人民交通出版社的卢仲贤，他们都对本教材的编写提出了指导性的意见。在此，我们所有参编人员表示衷心的感谢！

由于编写人员地区差异比较大，编者水平有限，一定存在不少缺点和不足，望使用本教材的师生和其他读者给予批评指正。

三、本课程的教学特点和教学方法

本课程设置课时为 70～80 学时，各校可根据本地区教学的实际情况来执行。课时不足时，可根据本地区生源及就业的需求差异，对教材中的内容进行适当取舍。

在本课程的教学过程中，尽量与本地区公路工程机械化施工的实际情况结合起来，注意实践性教学。有条件的院校可采用试验、参观、电化教学、多媒体课件等多种教学手段，以提高学生学习的兴趣和接受能力。

本课程每一章都有复习思考题，引导学生有重点的对所学内容进行复习，以便巩固和提高。

目　　录

第一章　公路工程施工设备常见控制电路

第一节　控制电路基础知识

一、三相交流电的基本知识

1. 交流电基础知识

电路各个部分的电压和电流将按正弦规律变化，这类电路我们称之为正弦交流电路。我们日常生活中很熟悉的交流发电机所产生的电动势就是按正弦规律变化的，它是一种常用的正弦电源，而在筑路工程施工中的生活、施工用电通常都是正弦交流电。

对正弦交流电路的分析与计算，主要是确定不同参数和不同结构的各种正弦交流电路中电压、电流和功率之间的关系。

1）基本交流电路

（1）交流电的主要参数

直流电路中，电流、电压的大小和方向（或者说电压的极性）不随时间的变化而变化，如图1-1 所示。

在正弦交流电路中，电压和电流是按正弦规律变化的，其波形如图 1-2 所示。由于正弦电压和电流的方向是周期性变化的，在电路图上所标的方向是指它们的正方向，即代表正半周时的方向。在负半周时，由于所标的正方向与实际方向相反，则其值为负。图中的虚线箭标代表电流的实际方向；“ + ”、“ - ”代表电压的实际方向。

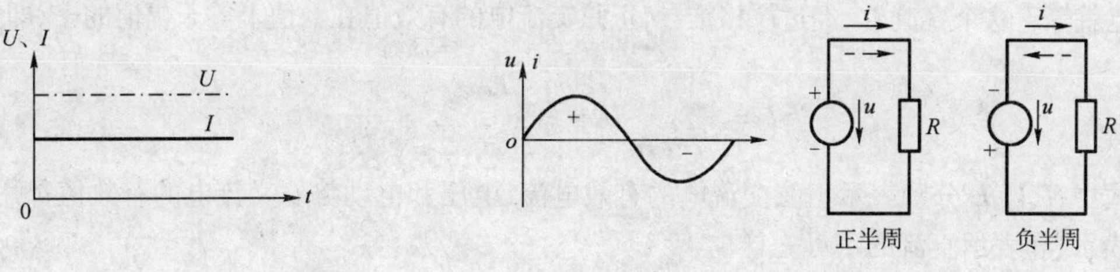

图 1-1　直流电　　　　图 1-2　正弦电压和电流

正弦电压和电流等物理量，常统称为正弦量。正弦量的特征表现在变化的快慢、大小及初始值三个方面，而它们分别由频率（或周期）、幅值（或有效值）和初相位来确定，所以频率、幅值和初相位就成为确定正弦量的三要素。

①周期与频率

正弦量变化一次所需的时间称为周期 T(s)。每秒内变化的次数称为频率 f，它的单位是赫兹(Hz)。

频率与周期之间具有倒数关系，即

$$f = \frac{1}{T}$$

或者

$$T = \frac{1}{f} \tag{1-1}$$

在我国和其他大多数国家，都采用50Hz作为电力标准频率，这种频率在工业上应用广泛，习惯上也称为工频。筑路工地交流电机和照明负载都是这种频率。

正弦量变化的快慢除了用周期和频率表示外，还可以用角频率 ω 来表示。因为一周期内经历了 2π 弧度，如图1-3，所以角频率为

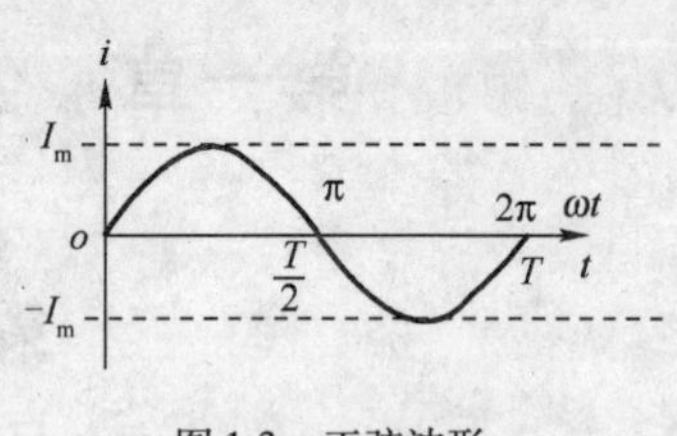

图1-3 正弦波形

$$\omega = \frac{2\pi}{T} = 2\pi f \tag{1-2}$$

ω 的单位为弧度/秒(rad/s)。

上式表示三者之间的关系，只要知道其中之一，其余参数均可求出。

②幅值与有效值

正弦量在任一瞬时的值称为瞬时值，用小写字母表示，如 i、u 及 e 分别表示电流、电压及电动势的瞬时值。瞬时值中最大的称为幅值，用带下标m的大写字母来表示，如 I_m、U_m 及 E_m 分别表示电流、电压及电动势的幅值。

图1-3是正弦交流电的波形，它的数学表达式为

$$i = I_m \sin\omega t \tag{1-3}$$

正弦电流、电压及电动势的大小往往不是用它们的幅值，而是常用有效值(均方根值)来计量的。

因为在电工技术中电流常表现出其热效应，故有效值是从电流的热效应来规定的。就是说，某一周期电流 i 通过电阻R(如电阻炉)在一个周期内产生的热量，和另一个直流电流 I 通过同样大小的电阻在相等的时间内产生的热量相等，那么这个周期性变化电流 i 的有效值在数值上就等于这个直流 I。经过严格推导，正弦交流电的有效值在数值上等于幅值的 $\frac{1}{\sqrt{2}}$，即

$$I = \frac{I_m}{\sqrt{2}} \qquad U = \frac{U_m}{\sqrt{2}} \qquad E = \frac{E_m}{\sqrt{2}} \tag{1-4}$$

式中，I、U、E 分别表示正弦交流电的有效电流、电压和电动势。交流电的有效值都用大写字母表示，和表示直流的字母一样。

一般所讲的正弦电压或电流的大小例如交流电压380V或220V都是指它们的有效值，一般交流安培计和伏特计的刻度也是根据有效值来确定的。

例1-1 已知 $u = U_m \sin\omega t$，$U_m = 310\text{V}$，$f = 50\text{Hz}$，试求有效值 U 和 $t = 0.1\text{s}$ 时的瞬时值。

解：

$$U = \frac{U_m}{\sqrt{2}} = \frac{310}{\sqrt{2}} = 220\text{V}$$

$$u_{t=0.1} = U_m \sin\omega t = U_m \sin 2\pi f t = 310\sin(2 \times \pi \times 50 \times 0.1) = 0$$

③初相位

正弦量是随时间而变化的，对于一个正弦量所取的计时起点不同，正弦量的初始值(当

$t=0$ 时的值)也就不同,到达幅值或某一特征值的时间也就不同。例如有两个正弦量

$$i_1 = I_m\sin(\omega t + \varphi_1) \tag{1-5}$$

$$i_2 = I_m\sin(\omega t + \varphi_2) \tag{1-6}$$

上两式的角度 $\omega t + \varphi_1$ 和 $\omega t + \varphi_2$ 称为正弦量的相位角或相位,它反映出正弦量变化的进程。当相位角随时间连续变化时,正弦量的瞬时值随之连续变化。

当 $t=0$ 时的相位角称为初相位角或初相位。式(1-5)中,因为 $\omega t=0$,所以,初相位为 φ_1;同理,式(1-6)中,初相位为 φ_2。因此,所取计时起点不同,正弦量的初相位不同,其初始值也就不同。

两个同频率的正弦量相位角之差称为相位角差或相位差,用 φ 表示。i_1 和 i_2 的相位差为

$$\varphi = (\omega t + \varphi_1) - (\omega t + \varphi_2) = \varphi_1 - \varphi_2 \tag{1-7}$$

当 φ_1 大于(或小于) φ_2 时,我们说 i_1 的变化超前(或滞后)于 i_2;

当 $\varphi_1 - \varphi_2 = 0$ 时,即 $\varphi = 0°$时,i_1 和 i_2具有相同的初相位;

当 $\varphi_1 - \varphi_2 = 180°$ 即 $\varphi = 180°$,i_1 和 i_2的相位相反,即反相。

如图 1-4 所示,i_1 和 i_2 具有相同的初相位,相位差为 0°;i_1、i_2 与 i_3 反相,相位差为 180°。

(2)正弦向量表示法

如上所述,一个正弦量具有幅值、频率及初相位三个特征,而这些特征可以用几种方法表示出来。正弦量的各种表示方法是分析与计算正弦交流电路的基础。

我们知道:正弦量可以用三角函数式表示,如 $i = I_m\sin\omega t$,这是最基本的表示方法。正弦量还可以用前面提到的正弦波形来表示。此外,正弦量还可以用有向线段来表示。

设有一正弦电压 $u = U_m\sin(\omega t + \varphi)$,其波形如图 1-5 右图所示,左图是直角坐标系中的一旋转有向线段。有向线段的长度代表正弦量的幅值 U_m,它的初始位置($t=0$ 时的位置)与横轴正方向之间的夹角等于正弦量的初相位 φ。并以正弦量的角频率 ω 作逆时针方向旋转。可见,这一旋转有向线段具有正弦量的三个特征,故可以用来表示正弦量。正弦量在某时刻的瞬时值就可以由这个旋转有向线段于该瞬时在纵坐标轴上的投影表示出来。

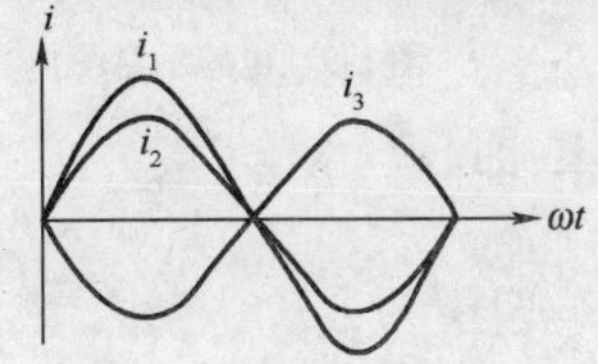

图 1-4　正弦交流电的同相和反相

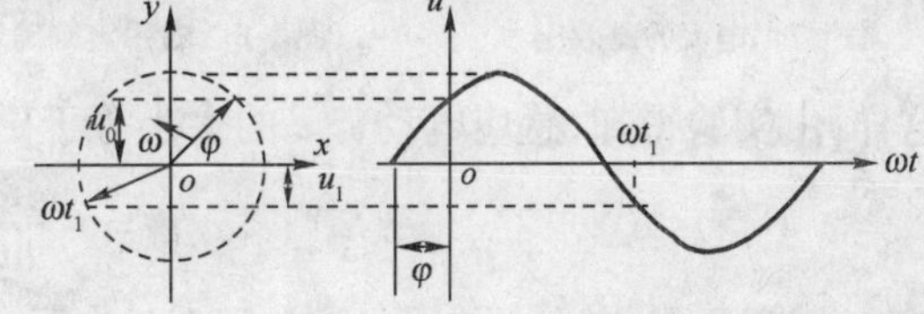

图 1-5　用正弦波和旋转有向线段来表示正弦向量

当 $t=0$ 时,$U_0 = U_m\sin(\omega t + \varphi) = U_m\sin\varphi$;

当 $t=t_1$ 时,$U_1 = U_m\sin(\omega t_1 + \varphi)$。

由以上可见,正弦量可以用旋转的有向线段来表示。有向线段表示正弦量的方法即是正弦量的向量表示法。

2)交流电路组成元件

电阻元件、电感元件、电容元件都是组成电路模型的理想元件。所谓理想,就是突出其主要性质,而忽略次要因素。电阻元件具有消耗电能的电阻性,电感元件突出其电感性,电容元件突出其电容性。其中,电阻元件是耗能元件,后两者是储能元件。

在直流电路和交流电路中所发生的现象有着显著的不同。直流电路中所加电压和电路参数不变,电路中的电流、功率以及电场和磁场所储存的能量也都不变化。但是在交流电路中则

不然，由于所加电压随时间而交变，故电路中的电流、功率及电场和磁场储存的能量也都是随时间而变化的。所以，在交流电路中，电感元件中的感应电动势和电容元件中的电流均是随时间的变化而变化的。在直流电路稳定状态下，电感元件可视作短路，电容元件可视作开路，通过元件的电流为恒定值。

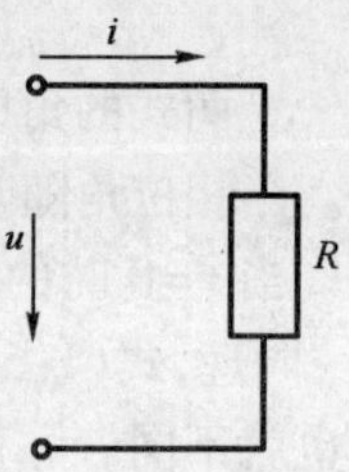

电路所具有的参数不同，其性质就不同，其中能量的转换关系也就不同。这种不同反映在电压与电流的关系上。因此，在分析正弦交流电路之前，先来讨论一下不同参数的元件中电压与电流的一般关系以及能量转换的问题。

图 1-6 电阻元件

(1)电阻元件

如图 1-6 所示，根据欧姆定律得出

$$i = \frac{u}{R} \text{或} u = iR \tag{1-8}$$

(2)电磁感应原理与电感元件

电流流过导体时会出现磁的形态。当电流通过导体时，导体周围会产生磁场，如图 1-7。产生磁场的磁力线数目与电流的大小成正比。

磁力线的方向用右手定则确定，具体做法是：右手握导体，大拇指指向电流的方向，其余四指指向磁力线的方向，如图 1-8。

设有一单匝线圈，如图 1-9 所示。与电磁原理相对应，当导体作切割磁力线的运动时，导体中会产生感应电动势，在联通的电路中会产生感应电流。至于感应电动势与磁通之间的方向关系，我们习惯上这样规定：感应电动势的正方向与磁通的正方向之间符合右手螺旋法则。

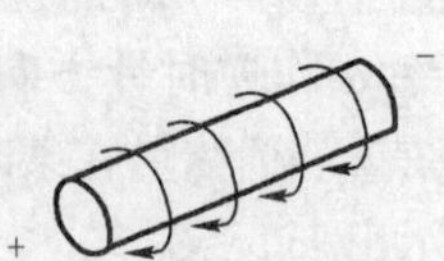

图 1-7 电流的磁效应

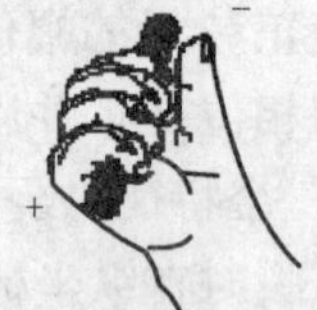

图 1-8 右手定则确定磁力线方向

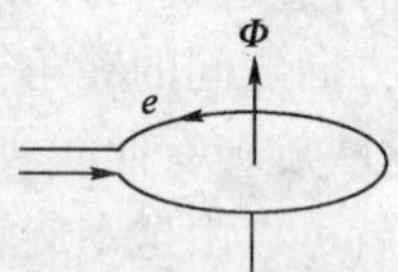

图 1-9 电感示意图

这样，由实验得知，感应电动势 e 的大小等于磁通量的变化率，即

$$e = -\frac{d\Phi}{dt} \tag{1-9}$$

式中：Φ——磁通量，单位是韦伯，通常用 Wb 表示。

通过式(1-9)可以看出，感应电动势总是企图阻碍磁通量的变化。

如果有 N 匝线圈，且绕线较为集中，可以认为通过各匝的磁通相同，则线圈的感应电动势为单匝感应电动势的 N 倍，即

$$e = -N\frac{d\Phi}{dt} \tag{1-10}$$

通常，磁通量是由通过线圈的电流产生的，当线圈中没有铁磁材料时，Φ 与 i 有正比的关系，即

$$N\Phi = Li \text{或} L = N\frac{\Phi}{i} \tag{1-11}$$

式中：L——线圈的电感。电感的单位是亨利(H)或毫亨利(mH)。

L 也常称为自感，是电感元件的参数。线圈的电感与线圈的尺寸、匝数以及附近的介质的

导磁性能等有关。

因此，假如其他量不变，线圈匝数愈多，即 N 愈大，其电感愈大；线圈中单位电流产生的磁通量 Φ 愈大（即 $\frac{\Phi}{i}$ 愈大），电感也愈大。

通过推导，可以得到自感电动势的表达式为：

$$e_L = -L\frac{di}{dt} \tag{1-12}$$

式中：e_L——称为自感电动势。

由式(1-12)可见，自感电动势具有阻碍电流变化的性质。

伴随自感电动势而存在的自感电压，即电感元件的端电压，其绝对值等于自感电动势的绝对值。由于习惯上规定负载中电流的参考方向与电压的参考方向一致，而电流的参考方向是从自感电动势的参考"－"极流入，"＋"极流出，如图 1-10。

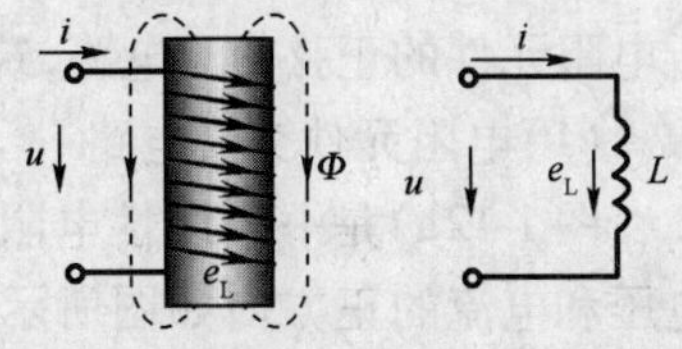

图 1-10　电感元件与表示符号

对于左图，由克希荷夫电压定律有

$$u + e_L = 0$$

即

$$u = -e_L = L\frac{di}{dt} \tag{1-13}$$

由式(1-13)可知，当线圈中通过不随时间而变化的恒定电流时，电感元件可视作短路。

由式(1-13)可以推导电感元件中的能量转换为

$$A = \frac{1}{2}Li^2 \tag{1-14}$$

这说明当电感元件中电流增大时，磁场能量增大；在此过程中，电感元件从电源取用能量，并转换为磁能，转换的大小为 $\frac{1}{2}Li^2$。当电流减小时，磁场能量减小，磁能转换为电能，即电感元件向电源释放能量。

(3)电容元件

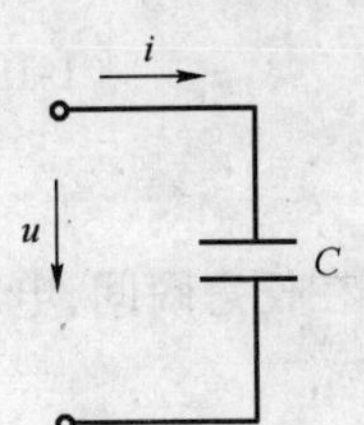

图 1-11　电容元件

图 1-11 为一电容器。电容器极板（由绝缘材料隔开的两个金属导体）上所储集的电量与其上电压成正比，即

$$\frac{q}{u} = C \tag{1-15}$$

式中：C——电容，单位是法拉(F)。

电容是电容元件的参数，当将电容器充上 1V 的电压时，极板上若储集了 1C 的电量，则该电容器的电容就是 1F。法拉这个单位太大，工程上多采用微法(μF)或皮法(pF)。电容器的电容与极板的尺寸及其间介质的绝缘性能有关。

$$1\text{F} = 10^6\mu\text{F} = 10^{12}\text{pF}$$

在电压的正方向情况下，极板间电场强度的方向是从上而下，即上极板储集的是正电荷，下极板储集的是等量负电荷。

经过严密的推导，电容元件中的能量转换计算式为：

$$A = \frac{1}{2}Cu^2 \tag{1-16}$$

这说明当电容元件上电压增高时，电场能量增大；在此过程中电容元件从电源取用能量(充电)。当电压降低时，电场能量减小，即电容元件向电源释放能量(放电)。

3)电阻、电感、电容元件及其组成的交流电路

分析各种正弦交流电路，目的就是要确定电路中电压与电流之间的关系(包括大小和相位)，并讨论电路中能量转换和功率问题。

分析各种交流电路时，首先从最简单的单一参数(电阻、电感、电容)元件的电路入手，分析其电压与电流之间的关系，因为其他电路都是由一些单一参数元件组合而成。这里首先分析电阻元件的正弦交流电路，筑路施工中的白炽灯照明电路就是这种电路的典型代表。

(1)电阻元件交流电路

图 1-12a)是一个线性电阻元件的交流电路。电压和电流的正方向如图所示，两者关系由欧姆定律确定，即 $u=iR$。

为了分析问题的方便，我们选择电流经过零值并将向正值增加的瞬间作为计时起点($t=0$)，即设 $i=I_{\mathrm{m}}\sin\omega t$ 为参考正弦量，则

$$u=iR=I_{\mathrm{m}}R\sin\omega t=U_{\mathrm{m}}\sin\omega t \tag{1-17}$$

式(1-17)也是一个同频率的正弦量。可看出，在电阻元件的交流电路中，电流和电压是同相的(相位差 $\varphi=0°$)，表示二者的正弦波形如图 1-12b)所示。

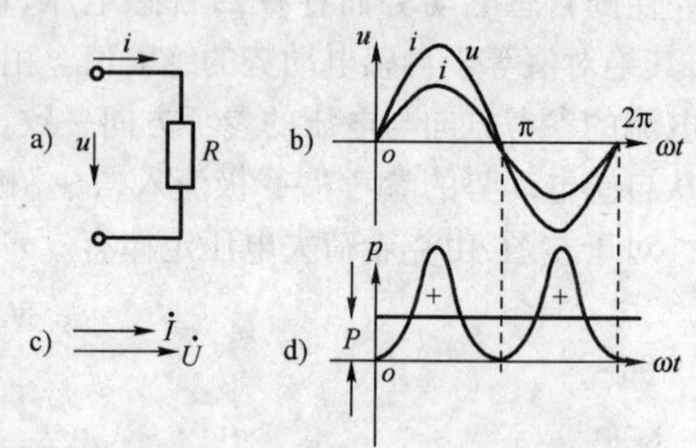

图 1-12　电阻元件交流电路

a)电路图；b)电流、电压正弦波图形；c)电压与电流向量图；d)功率波图形

在式(1-17)中

$$U_{\mathrm{m}}=I_{\mathrm{m}}R \text{ 或 } \frac{U_{\mathrm{m}}}{I_{\mathrm{m}}}=\frac{U}{I}=R \tag{1-18}$$

由此可知，在电阻元件电路中，电压的幅值(或有效值)与电流的幅值(或有效值)之比值就是电阻 R。

如用向量表示电压与电流的关系，则为

$$\frac{\dot{U}}{\dot{I}}=\frac{U}{I}=R;\dot{U}=\dot{I}R \tag{1-19}$$

此即欧姆定律的向量表示式，电压和电流的向量如图 1-12c)所示。

知道了电压和电流的变化规律和相互关系后，便可找出电路中的功率。在任意瞬间，电压瞬时值 u 与电流瞬时值 i 的乘积称为瞬时功率，用小写字母 p 表示，即

$$\begin{aligned} p=p_{\mathrm{R}}=ui=U_{\mathrm{m}}I_{\mathrm{m}}\sin^2\omega t &= \frac{U_{\mathrm{m}}I_{\mathrm{m}}(1-\cos2\omega t)}{2} \\ &= \frac{U_{\mathrm{m}}}{\sqrt{2}}\frac{I_{\mathrm{m}}}{\sqrt{2}}(1-\cos2\omega t)=UI(1-\cos2\omega t) \end{aligned} \tag{1-20}$$

由于在电阻元件的交流电路中 u 与 i 同相，它们同时为正，同时为负，所以瞬时功率总是正值，即 $p\geqslant0$。瞬时功率为正，这表明外电路从电源取用能量。

电阻元件从电源取用能量后转换成了热能，这是一种不可逆的能量转换过程。我们通常这样计算电能：$W=Pt$，P 是一个周期内电路消耗电能的平均功率，即瞬时功率的平均值，称为平均功率。在电阻元件电路中，平均功率为

$$P = \frac{U^2}{R} \quad (1\text{-}21)$$

(2)电感元件交流电路

这一节我们分析线性电感线圈与正弦电源连接的电路。假设这个线圈只有电感 L 而电阻 R 可以忽略不计。当电感线圈中通过交流电流 i 时，其中产生自感电动势 e_L，设电流 i、电动势 e_L 和电压 u 的正方向如图 1-13a) 所示。前面我们根据克希荷夫电压定律得出

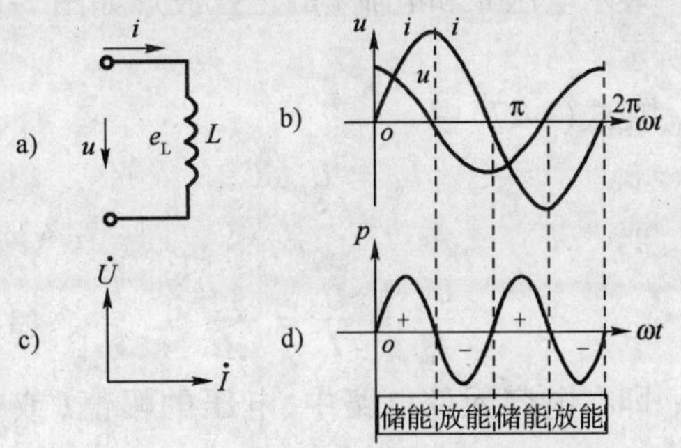

图 1-13　电感元件交流电路图

a) 电路图；b) 电流、电压正弦波图形；c) 电流、电压向量图；d) 功率波图形

$$u = -e_L = L\frac{\mathrm{d}i}{\mathrm{d}t} \quad (1\text{-}22)$$

设电流为参考正弦量，即 $i = I_m \sin\omega t$，则

$$u = U_m \sin(\omega t + 90°)$$

即 u 和 i 也是一个同频率的正弦量。

比较以上两式可知，在电感元件电路中，在相位上电流比电压滞后 90°。表示电压 u 和电流 i 的正弦波形如图 1-13b) 图所示。

在式 $u = U_m \sin(\omega t + 90°)$ 中

$$U_m = I_m \omega L \text{ 或 } \frac{U_m}{I_m} = \frac{U}{I} = \omega L \quad (1\text{-}23)$$

即在电感元件电路中，电压的幅值（或有效值）与电流的幅值（或有效值）之比值为 ωL。显然它的单位也为欧姆。电压 U 一定时，ωL 愈大，则电流 I 愈小。可见它具有对电流起阻碍作用的物理性质，所以称为感抗。用 X_L 表示为

$$X_L = \omega L = 2\pi f L \quad (1\text{-}24)$$

知道了电压 u 和电流 i 的变化规律和相互关系后，便可找出瞬时功率的变化规律，即

$$p = UI\sin 2\omega t \quad (1\text{-}25)$$

可见，p 是一个幅值为 UI，以 2ω 角频率随时间而变化的交变量，如图 1-13d) 所示。当 u 和 i 正负相同时，p 为正值，电感处于受电状态，它从电源取用电能；当 u 和 i 正负相反时，p 为负值，电感处于供电状态，它把电能归还电源。

电感元件电路的平均功率为零，即电感元件的交流电路中没有能量消耗，只有电源与电感元件间的能量互换。这种能量互换的规模我们用无功功率 Q 来衡量，我们规定无功功率等于瞬时功率 p 的幅值，即

$$Q = UI = I^2 X_L \quad (1\text{-}26)$$

无功功率的单位是乏（var）或千乏（kvar）。

(3)电容元件交流电路

下面我们分析一下线性电容元件与正弦电源连接的电路，如图 1-14a) 所示。

前面通过分析得出 $i = \frac{\mathrm{d}q}{\mathrm{d}t} = C\frac{\mathrm{d}u}{\mathrm{d}t}$，若在电容器两端加一正弦电压 $u = U_m \sin\omega t$，则

$$i = I_m \sin(\omega t + 90°) \quad (1\text{-}27)$$

即 u 和 i 也是一个同频率的正弦量。因此，在电容元件电路中，在相位上电流比电压越前 90°。在今后的问题中，为了便于说明电路是电感性的还是电容性的，我们规定：当电流比电压滞后时，其相位差 φ 为正值；当电流比电压越前时，其相位差 φ 为负值。

表示电压 u 和电流 i 的正弦波形如图 1-14b)图所示。

在式(1-27)中

$$I_m = U_m \omega C \tag{1-28}$$

或

$$\frac{U_m}{I_m} = \frac{U}{I} = \frac{1}{\omega C} \tag{1-29}$$

即在电容元件电路中,电压的幅值(或有效值)与电流的幅值(或有效值)之比值为 $\frac{1}{\omega C}$,它的单位也为欧姆。

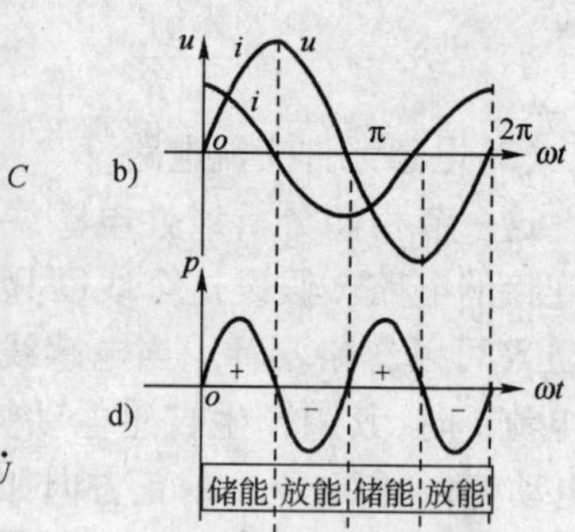

图 1-14 电容元件交流电路图

a)电容元件电路;b)电流、电压正弦波图形;c)电压与电流向量图;d)功率波图形

因此,当电压 U 一定时,$\frac{1}{\omega C}$ 愈大,则电流 I 愈小。可见它对电流具有起阻碍作用的物理性质,所以称为容抗,用 X_C 表示,即

$$X_C = \frac{1}{\omega C} = \frac{1}{2\pi f C} \tag{1-30}$$

容抗 X_C 与电容 C、频率 f 成反比。因此,电容对低频电流的阻碍作用很大。对直流($f=0$)而言,$X_C \to \infty$,可视作开路。同样应该注意,容抗只是电压与电流的幅值或有效值之比,而不是它们的瞬时值之比。

$$p = -UI\sin 2\omega t \tag{1-31}$$

由式(1-31)可见,p 是一个幅值为 UI,并以 2ω 角频率随时间而变化的交变量,如图 1-14d)所示。当 u 和 i 正负相同时,p 为正值,电容处于充电状态,它从电源取用电能;当 u 和 i 正负相反时,p 为负值,电容处于放电状态,它把电能归还电源。

电容元件电路的平均功率也为零,即电容元件的交流电路中没有能量消耗,只有电源与电容元件间的能量互换。这种能量互换的规模我们用无功功率 Q 来衡量,我们规定无功功率等于瞬时功率 p 的幅值。

为了同电感元件电路的无功功率相比较,我们设电流 $i = I_m \sin\omega t$ 为参考正弦量,则得到电容元件的无功功率为

$$Q = -UI = -I^2 X_C \tag{1-32}$$

即电容元件电路的无功功率取负值。

4)R、L、C 混合电路及功率因数

在筑路施工用电中,白炽灯照明电路为纯电阻电路,除此之外,施工工程设备电路几乎都包含了电感或电容的混合电路。下面我们举例讲述混合电路的规律并引出功率因数概念以及提高功率因数的途径。

电阻、电感与电容元件串联的交流电路如图 1-15a)所示,电路中的各元件通过同一电流,电流与电压的正方向在图中已经标出。

根据克希荷夫电压定律可列出

$$u = u_R + u_L + u_C$$

设电流 $i = I_m \sin\omega t$ 为参考正弦量,则电阻元件上的电压 u_R 与电流同相,即

$$u_R = I_m R\sin\omega t = U_{Rm}\sin\omega t$$

电感元件上的电压 u_L 比电流越前 90°，即

$$u_L = I_m\omega L\sin(\omega t + 90°) = U_{Lm}\sin(\omega t + 90°)$$

电容元件上的电压比电流滞后 90°，即

$$u_C = \frac{I_m}{\omega C}\sin(\omega t - 90°) = U_{Cm}\sin(\omega t - 90°)$$

以上各式中 $\frac{U_{Rm}}{I_m} = \frac{U_R}{I} = R$，$\frac{U_{Lm}}{I_m} = \frac{U_L}{I} = \omega L = X_L$，$\frac{U_{Cm}}{I_m} = \frac{U_C}{I} = \frac{1}{\omega C} = X_C$。

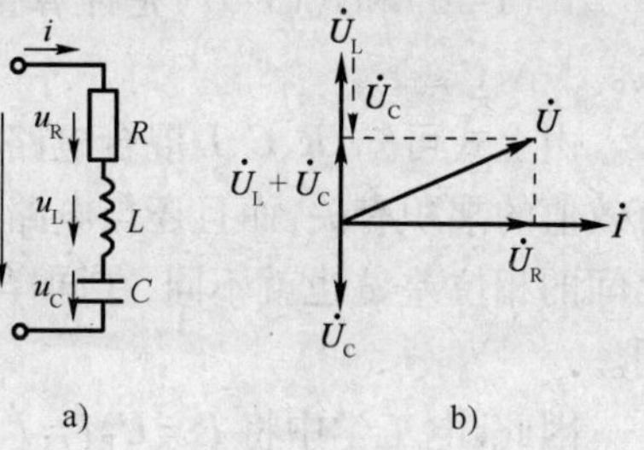

图 1-15　电阻、电感与电容串联的交流电路

a) 电路图；b) 向量图

同频率的正弦量相加，所得出的仍为同频率的正弦量，所以电源电压为

$$u = u_R + u_L + u_C = U_m\sin(\omega t + \varphi)$$

其幅值为 U_m，与电流 i 之间的相位差为 φ。

在向量图上，如果将电压 u_R、u_L、u_C 用向量 $\dot{U}_R$、$\dot{U}_L$、$\dot{U}_C$ 表示，则向量相加即可得出电源电压 u 的向量 $\dot{U}$，如图 1-15b）。由电压向量 $\dot{U}$、$\dot{U}_R$ 及（$\dot{U}_L + \dot{U}_C$）所组成的直角三角形，称为电压三角形。

利用电压三角形，便可求出电源电压的有效值，即

$$U = I\sqrt{R^2 + (X_L - X_C)^2} \tag{1-33}$$

由上式可见，这种电路中电压与电流的有效值（或幅值）之比为 $\sqrt{R^2 + (X_L - X_C)^2}$，它的单位也是欧姆（Ω），具有对电流起阻碍作用的性质，我们称它为电路的阻抗，用 $|Z|$ 表示，即

$$|Z| = \sqrt{R^2 + (X_L - X_C)^2} = \sqrt{R^2 + \left(\omega L - \frac{1}{\omega C}\right)^2} \tag{1-34}$$

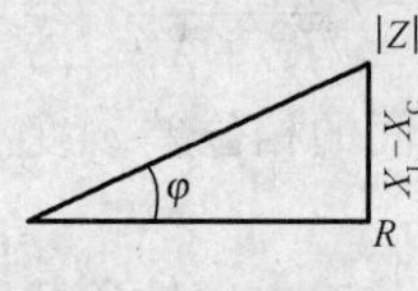

图 1-16　阻抗三角形

可见 $|Z|$、R、$(X_L - X_C)$ 三者之间的关系也可用直角三角形（称为阻抗三角形）来表示，见图 1-16。至于电源电压 u 与电流 i 之间的相位差 φ 也可以从电压三角形得出

$$\varphi = \arctan\frac{U_L - U_C}{U_R} = \arctan\frac{X_L - X_C}{R} \tag{1-35}$$

因此，阻抗 $|Z|$、电阻 R、感抗 X_L 及容抗 X_C 不仅表示电压 u 及其分量 U_R、U_L 及 U_C 与电流 i 之间的大小关系，而且也表示了它们之间的相位关系。随着电路参数的不同，电压 u 与电流 i 之间的相位差 φ 也就不同，因此，φ 角的大小是由电路（负载）的参数决定的。

由式（1-35）看来，在频率一定时，不仅相位差 φ 的大小决定于电路的参数，而且电流滞后还是越前于电压也与电路的参数有关。如果 $X_L > X_C$，则在相位上电流 i 比电压 u 滞后 φ 角，这种电路是电感性的；如果 $X_L < X_C$，则在相位上电流 i 比电压 u 越前 φ 角，这种电路是电容性的；当然当 $X_L = X_C$，即 $\varphi = 0$ 时，则电流 i 与电压 u 同相，这种电路是电阻性的。

由于电阻元件上要消耗能量，故电路的平均功率为

$$P = U_R I = I^2 R = UI\cos\varphi \tag{1-36}$$

而电感元件与电容元件要储放能量，即它们与电源之间要进行能量互换，相应的无功功率可根据电感元件电路与电容元件电路中无功功率得到

$$Q = UI\sin\varphi \tag{1-37}$$

式(1-36)和式(1-37)是计算正弦交流电路中平均功率(有功功率)和无功功率的一般公式。

由上式可知,R、C、L 混合电路中负载取用的功率不仅与发电机的输出电压及输出电流的有效值的乘积有关,而且还与电路(负载)的参数有关。电路所具有的参数不同,电压与电流之间的相位差 φ 也就不同,在同样的电压 U 和电流 I 下,电路的有功功率和无功功率也就不同。

因此,电工学中将 $P=U_{R}I=I^{2}R=UI\cos\varphi$ 中的 $\cos\varphi$ 称为功率因数。

只有在电阻负载(例如白炽灯、电阻炉等)的情况下,电压与电流才同相其功率因数为 1。对其他负载来说,其功率因数均介于 0 与 1 之间,这时电路中发生能量互换,出现无功功率 $Q=UI\sin\varphi$ 。无功功率的出现,使电能不能充分利用,其中有一部分能量即在电极与负载之间进行能量互换,同时增加了线路的功率损耗。所以对筑路工程中用电设备来说,提高功率因数一方面可以使电源设备的容量得到充分利用,同时也能使电能得到大量节约。

功率因数不高,根本原因就是由于电感性负载的存在。例如,筑路施工中常用的异步电动机,在额定负载时功率因数约为 0.7~0.9 左右,如果在轻载时其功率因数就更低。电感性负载的功率因数之所以小于 1,是由于负载本身需要一定的无功功率。从技术经济的观点出发,合理的连接电容可解决这个矛盾,以达到提高功率因数的实际意义。

按照供电规则,高压供电的工业企业平均功率因数不低于 0.9。提高功率因数常用的方法就是与电感性负载并联电容器(设置在用户或变电所中),其电路图和向量图如图 1-17 所示。

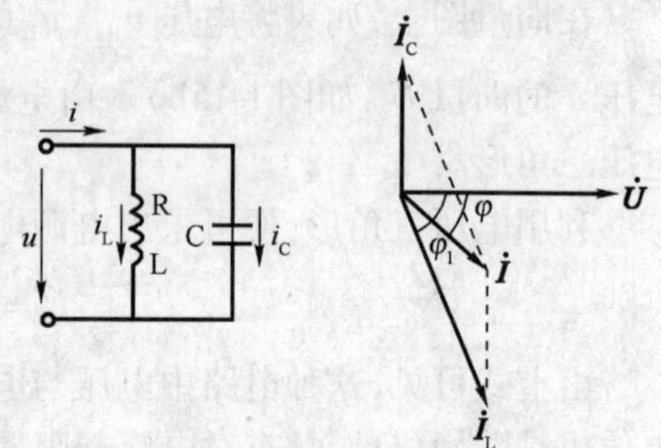

图 1-17　并联电感和电容提高功率因数

并联电容器以后,电感性负载的电流 $I_1=\dfrac{U}{\sqrt{R^2+X_L^2}}$ 和功率因数 $\cos\varphi_1=\dfrac{R^2}{\sqrt{R^2+X_L^2}}$ 均未变化,这是因为所加电压和负载参数没有改变。但是电压 u 和线路电流 i 之间的相位差 φ 变小了,即 $\cos\varphi$ 变大了。

在电感性负载并联电容器以后,减少了电源与负载之间的能量互换。这时电感性负载所需的无功功率,大部分或全部都是由电容器供给,就是说能量互换现在主要或完全发生在电感性负载与电容器之间,因而使发电机容量能得到充分利用。其次,从向量图上可见,并联电容器以后,线路电流也减小了,因而减小了功率损耗。现通过下面的例子,进一步说明功率因数的影响。

例 1-2　已知一台变压器的次级电压为 $U_{2E}=220$V,电流为 $I_{2E}=100$A,试分析:

(1)当 $\cos\varphi=0.6$ 时,该变压器能带动几台 $V_E=220$V,$P=2.2$kW 的电动机;

(2)当 $\cos\varphi=0.9$ 时,该变压器能带动几台 $V_E=220$V,$P=2.2$kW 的电动机。

解:(1)当 $\cos\varphi=0.6$ 时,每台电动机取用的电流是

$$I=P/(U\cdot\cos\varphi)=(2.2\times10^3)/(220\times0.6)=16.67(\text{A})$$

该变压器能带动的电动机数是:

$$I_{2E}/I=100/16.67=6(\text{台})$$

(2)当 $\cos\varphi=0.9$ 时,每台电动机取用的电流是

$$I=P/(U\cdot\cos\varphi)=(2.2\times10^3)/(220\times0.9)=11.11(\text{A})$$

该变压器能带动的电动机数是：

$$I_{2E}/I = 100/11.11 = 9(\text{台})$$

由此可见，同样的电源，通过提高负载的功率因数，可以较大幅度地提高其利用率，减少设备的投入和线路的损耗。

具体提高功率因数的方法：一是使电动机、变压器接近满载运行（电动机空载时，$\cos\varphi = 0.2 \sim 0.3$，满载时 $\cos\varphi = 0.83 \sim 0.85$）；二是在感性负载的两端并联电容，这在前面已经谈到。

2. 三相电路

1）三相电压

在道路工程施工生产上，三相电路应用广泛，发电机和输配电一般都采用三相制。因此，有必要介绍一些三相电路的基本知识，本节中着重介绍三相交流发电机和负载在三相电路中的连接使用问题。通常用到的发电机三相绕组的接法通常如图 1-18 a）所示，即将三个末端联在一起，这一连接点称为中点或零点，用 N 表示。这种连接方法称为星形连接。从中点引出的导线称为中线，从始端 A、B、C 引出的三根导线 L_1、L_2、L_3 称为相线或端线，俗称火线。

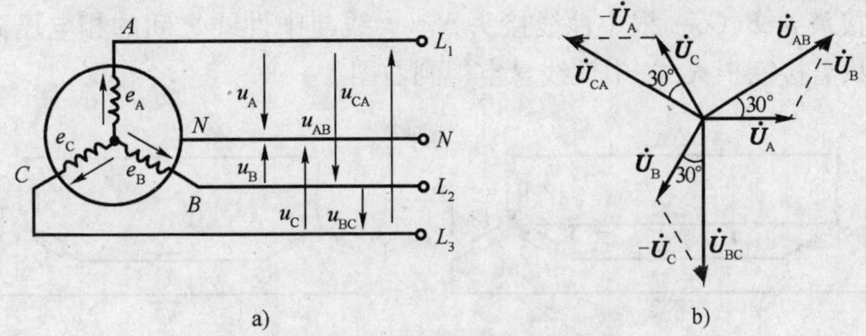

图 1-18　发电机的星形连接及其电压向量图

a）发电机三相绕组的接法；b）发电机三相电压向量图

在图 1-18a）中，每相始端与末端间的电压，亦即火线与中线间的电压，称为相电压，其有效值用 U_A、U_B、U_C 或一般地用 U_P 表示。而任意两始端间的电压，亦即两火线间的电压，称为线电压，其有效值用 U_{AB}、U_{BC}、U_{CA} 或一般地用 U_1 表示。

各项电动势的正方向，如前所述，选定为自绕组的末端指向始端，相电压的正方向选定为自末端指向始端（中点）；线电压的正方向，例如 U_{AB} 是指 A 端指向 B 端，即端线 L_1 与 L_2 之间的电压。

当发电机的绕组联成星形时，相电压和线电压显然是不相等的。现在来确定它们之间的关系，在图 1-18b）中，A、B 两点间的电压的瞬时值等于 A 相电压和 B 相电压之差，即

$$U_{AB} = U_A - U_B$$

同理得到

$$U_{BC} = U_B - U_C$$

$$U_{CA} = U_C - U_A$$

由于发电机绕组上的内阻抗电压降低与相电压比较是很小的，可以忽略不计。于是相电压和对应的电动势基本上相等，因此可以认为相电压同电动势一样，也是对称的，故由相电压而得出的线电压也是对称的，在相位上比相应的相电压越前 30°。

至于线电压和相电压在大小上的关系也很容易从向量图上得出

$$\frac{1}{2}U_1 = U_P\cos 30^\circ = \frac{\sqrt{3}}{2}U_P$$

由此得

$$U_1 = \sqrt{3}U_P \tag{1-38}$$

发电机(或变压器)的绕组在联成星形时,可引出四根导线(三相四线制),这样就有可能给予负载两种电压。通常在低压配电系统中相电压为220V,线电压为380V。

发电机(或变压器)的绕组在联成星形时,在三相负载平衡情况下不一定都引出中线。

2)三相负载的连接方法

工地使用的各种电气根据其特点可分为单相负载和三相负载两大类。照明灯、电扇、电烙铁和单相电动机等都属于单相负载。三相交流电动机、三相电炉等三相用电气属于三相负载。另外分别接在各相电路上的三组单相用电气也可以组成三相负载。三相负载的阻抗相同(数值相等,性质一样)则称为三相对称负载,反之称为不对称负载。三相负载有Y形和△形两种连接方法,各有其特点,适用于不同的场合,应注意不要搞错,否则会酿成事故。

(1)三相对称负载的Y形连接

该电路的基本连接方法如图1-19左图所示,三相交流电源(变压器输出或交流发电机输出)有三根火线接头 A、B、C,一根中性线接头 N。火线与中性线之间的相电压为220V。对于三相对称负载,只需接三根火线,中性线悬空得到右图。

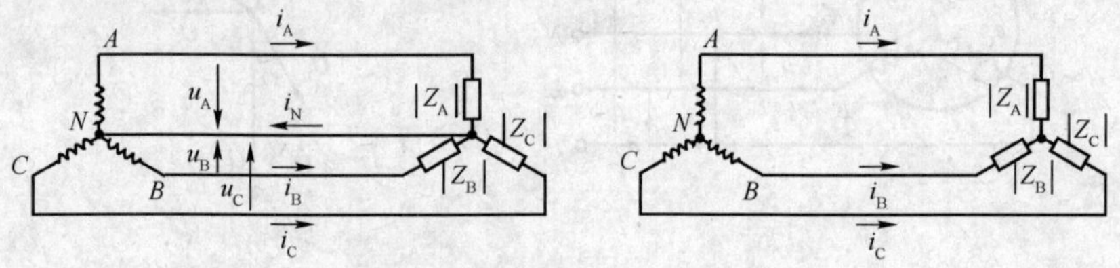

图1-19 对称负载的Y连接

该电路具有如下特点:

①由于三相负载对称,在三相对称电压的作用下负载中的三相电流也是对称的,而三相对称电流的和(矢量和)为零,所以不需接中线,三相电流依靠端线和负载互成回路。由于电路是对称的,故电路的计算可以简化为单相电路的计算。

②各相负载承受的电压为电源的相电压,大小为220V。

③各相负载的线电流 I_1 与相电流 I_p 相等,即:$I_1 = I_p = U_p/Z_p$,式中 Z_p 为每相负载阻抗。

④各相支路中电压与电流的相位差相等,大小为 $\varphi_p = \cos^{-1}R/Z$。

⑤各相负载取用的功率相等,电路的总功率为 $P = 3U_p \cdot I_p \cdot \cos\varphi_p$。

例1-3 如图1-20所示,有三相对称负载,每相负载由电阻 R 和电感 L 构成,$R = 6\Omega$,$L = 25.5\text{mH}$。负载为Y形连接,电源的 $U_1 = 380\text{V}$,$f = 50\text{Hz}$。画出电路图并求每相负载的电流 I_p 和电路取用的总功率 P。

解:如图1-20所示,

由线电压和相电压之间的关系得到 $U_p = U_1/\sqrt{3} = 380/\sqrt{3} = 220(\text{V})$

而阻抗计算为 $Z_p = (R^2 + X^2)^{1/2} = [R^2 + (2\pi fL)^2]^{1/2} = 10(\Omega)$

所以 $I_p = U_p/Z_p = 220/10 = 22(\text{A})$

又 $\cos\varphi = R_p/Z_p = 6/10 = 0.6$

故而 $P = 3U_pI_p\cos\varphi = 8.712(\text{kW})$

(2)三相不对称负载的Y形连接

工程实际使用中遇到的问题是将许多单相负载分成容量大致相等的三相,分别接到三相电源上,这样构成的三相负载通常是不对称的。对于这种电路,需要使用三相四线制,如图1-21a)所示。该电路具有如下特点:

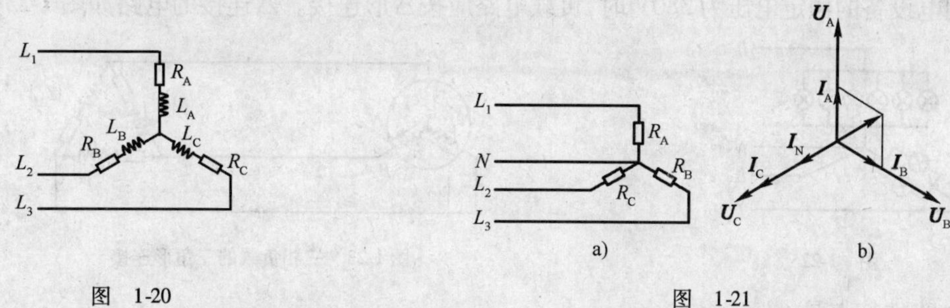

图 1-20　　　　　　　　图 1-21

由于三相负载不对称,三相电流也不对称,其三相电流的和不为零,必须引一根中线供电流不对称部分流过,即必须用三相四线制。

由于中性线的作用,电路构成了相互独立的回路。不论负载有无变动,各相负载承受的电源相电压不变,从而保证了各相负载的正常工作。

如果没有中线,或者中线断开了,虽然电源的线电压不变,但各相负载承受的电压不再对称。有的相电压增高了,有的相电压降低了。这样不但使负载不能正常工作,有时还会造成事故。

一般情况下,中线电流小于端线电流,通常取中线的横截面积小于端线的横截面积。

通过分析得到,三相不对称负载的各相支路的计算需要分别进行。

例 1-4　如图 1-21 所示,某三相不对称负载作 Y 形连接的电阻电路中,各相电阻分别是 $R_A = R_B = 22\Omega$、$R_C = 11\Omega$。已知电源的线电压为 380V。求相电流、线电流和中线电流。

解:参见图示 1-21a)得到每相所承受的相电压为:

$$U_p = U_l/\sqrt{3} = 380/\sqrt{3} = 220\text{V}$$

各相电流为

$$I_A = I_B = U_p/R_A = 220/22 = 10(\text{A})$$
$$I_C = U_p/R_C = 220/11 = 20(\text{A})$$

各相的线电流等于同相的相电流。

纯电阻电路的电流和电压同相位,故三相电流之间的相位差依次为 120°。用矢量叠加法得中线电流的值为 10A,相位与 U_C 同相位,如图示 1-21b)所示。

例 1-5　图示 1-22 为由白炽灯组成的三相不对称负载电路。*A* 相负载为两个 220V、60W 的灯泡,*B* 相为六个 220V、60W 的灯泡。试分析,中线断开,*C* 相负载开路和短路时,*A* 相和 *B* 相负载的电压变化情况。

解:中线断开,*C* 相开路时,R_A 和 R_B 串联后接在 U_{AB}上。

因为

$$\begin{aligned} U_A &= [R_A/(R_A + R_B)] \times U_{AB} \\ &= [R_A/(R_A + R_A/3)] \times 380 \\ &= 285(\text{V}) \end{aligned}$$

所以

$$U_B = 380 - 285 = 95(\text{V})$$

A 相负载承受的电压高于额定电压,灯泡很快会被烧坏。而 *B* 相负载承受的电压低于额定电压,灯泡不能正常工作。

中线断开，C 相负载短路时，A 相和 B 相分别接到 U_{BC}、U_{CA}上，均承受 380V 的电压，灯泡很快烧坏。

(3)三相负载的三角形连接

当用电设备的额定电压为 380V 时，负载电路应按△形连接。△连接的电路如图 1-23 所示。

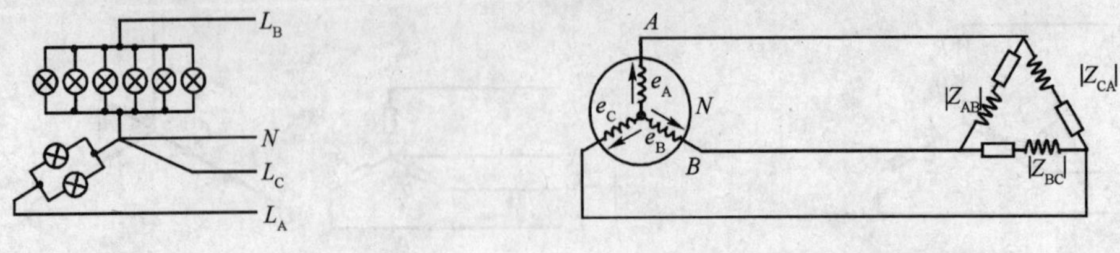

图 1-22

图 1-23 三相负载的三角形连接

该电路的特点是：

①△形连接没有零线，只能配接三相三线制电源，无论负载平衡与否各相负载承受的电压均为线电压 380V；

②各相负载与电源之间独自构成回路，互不干扰；

③各相负载的相电流为：$I_p = U_p / |Z| = U_1 / |Z|$；

④在△形连接的各端点上均有三条支路，所以线电流 I_1 不等于相电流 I_p，当三相负载对称时，三个相电流和三个线电流都对称，两者之间的关系为：

$$I_1 = \sqrt{3} I_p$$

⑤设每相负载电压与电流的相位差为 φ_p，如果负载对称，则电路取用的总功率为：

$$P = 3U_p I_p \cos\varphi_p = 3U_p I_1 / \sqrt{3} \cos\varphi_p = \sqrt{3} U_1 I_1 \cos\varphi_p \tag{1-39}$$

当负载不对称时：

$$P = P_A + P_B + P_C \tag{1-40}$$

例 1-6 在图 1-24 中，$R_p = 7\Omega$，$L_1 = 30\text{mH}$，$U_1 = 380\text{V}$，$f = 50\text{Hz}$。求相电流、线电流和总功率。

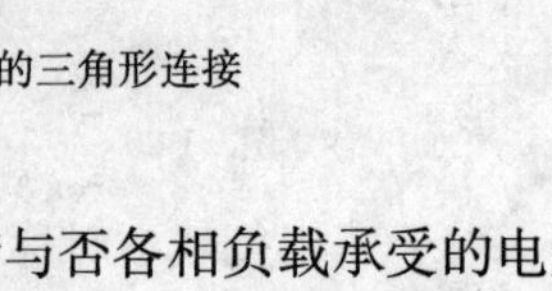

L_1
L_3
L_2

图 1-24

解：相电流 $I_p = U_1 / |Z| = U_1 / [R^2 + (2\pi f L)^2]^{1/2}$

$= 380 / [7^2 + (2\pi \times 50 \times 30 \times 10^{-3})^2]^{1/2}$

$= 32.4(\text{A})$

线电流 $I_1 = \sqrt{3} I_p = \sqrt{3} \times 32.4 = 56.1(\text{A})$

总功率 $P = \sqrt{3} U_1 I_1 \cos\varphi_p = \sqrt{3} U_1 I_1 R / |Z| = 22.05(\text{kW})$

二、三相异步电机的构造、基本工作原理、特点、选择方法

交流电动机主要有异步电动机和同步电动机两种。其中，三相异步电动机具有结构简单，运行可靠，使用方便，价格低廉的优点；但其电网的功率因数较低，调速比较困难，所以三相异步电动机广泛用于对调速要求不高，电网的功率因数有办法补偿的场合。

1. 三相异步电动机的构造

异步电动机是由定子和转子两大部分组成。它又分为鼠笼式和绕线式两种，分别称为鼠笼式电动机和绕线式电动机，其构造和定子绕组的连接方法见图 1-25 和图 1-26 所示。

定子包括机座、铁芯、绕组和端盖等。铁芯的内表面上分布着与轴平行的槽，槽内嵌放三相绕组，绕组与铁芯之间绝缘良好。定子的三相绕组对称分布在定子铁芯上，它们的起始端分

别用 U_1、V_1、W_1 表示，对应的末端分别用 U_2、V_2、W_2 表示，绕组可有Y形和△形的连接方式。为了便于改变接线，三相绕组的6个线头都接在电动机外表上的接线盒上，如图1-25所示。

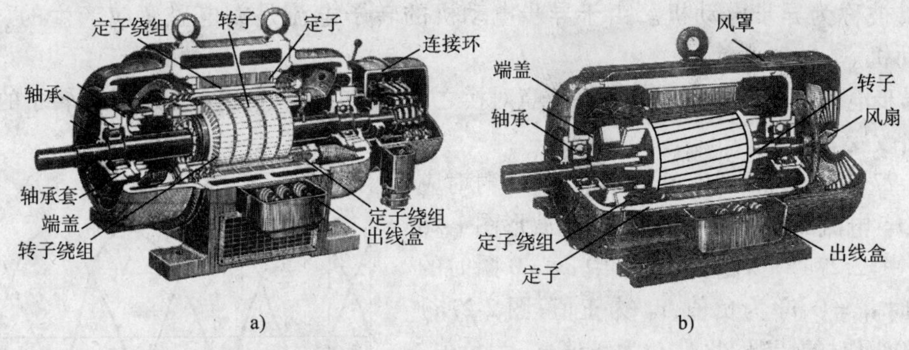

图1-25　三相异步电动机外形图

a）绕线转子三相异步电动机；b）鼠笼式三相异步电动机

鼠笼式转子的绕组分铜条绕组和铸铝绕组两种。前者的结构是将铜条插在槽内，铜条的两端分别焊接在两个端环上，像一个鼠笼。后者外形和铜条绕组一样，区别是用铝浇铸而成，冷却用的风扇与绕组一起浇铸。

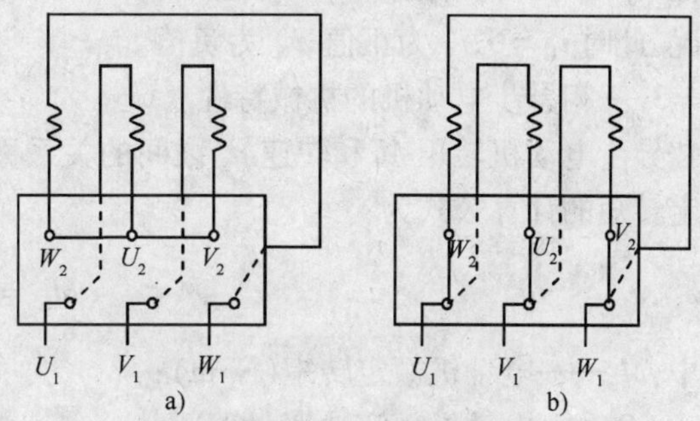

图1-26　三相异步电动机定子绕组的连接

a）Y形连接；b）△形连接

2. 三相异步电动机工作原理

为使三相异步电动机转子旋转，三相定子绕组需建立旋转磁场，图1-27，图中⊙表示电流垂直纸面流出，⊗表示电流垂直纸面流进。

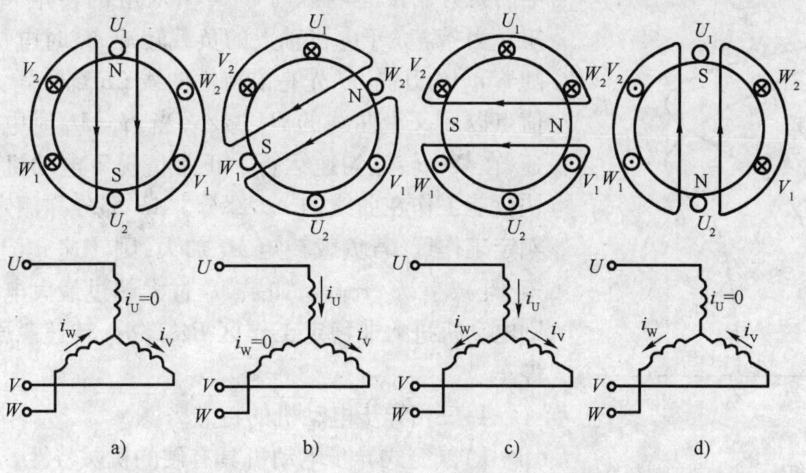

图1-27　三相对称电流产生的两极旋转磁极

a）$t=0$；b）$t=T/6$；c）$t=T/4$；d）$t=T/2$

在定子绕组中通入三相交流电流时，便形成旋转磁场。如图1-27所示旋转磁场顺时针方向旋转，则转子相对于磁场逆时针方向旋转。故转子绕组切割了磁力线，闭合的绕组内产生了感生电流。感生电流和旋转磁场相互作用，使转子产生转矩而转动。

转子的转速（设为 n_2）永远小于旋转磁场的转速（同步转速 n_1），这是因为只有在 $n_2 < n_1$ 的情况下，转子和旋转磁场间才存在相对运动，转子绕组也才切割磁力线，所以这种电动机被称为异步电动机。由于异步电动机的转子电流是靠电磁感应产生的，故又称感应电动机。

把异步电动机三根电源线的两根任意对换之后，旋转磁场的方向改变，从而转子的旋转方向也随之改变。

图 1-27 中 $t=0$、$t=T/6$、$t=T/4$、$t=T/2$ 时对应的 i_U、i_V、i_W 电流的大小及方向，见电流波形图 1-28 中所示。图 2-27a）是对应图 1-28 中 $\omega t=0$ 瞬时的情况，此时 $i_U=0$，i_V 为负值，i_W 为正值；图 2-27b）是 $\omega t=60°$瞬时的情况，此时 i_U 为正值，i_V 为负值，$i_W=0$；图 2-27c）是 $\omega t=90°$瞬时的情况，此时 i_U 为正值，i_V、i_W 均为负值；图 2-27d）是 $\omega t=180°$瞬时的情况，此时 $i_U=0$，i_V 为正值、i_W 为负值。

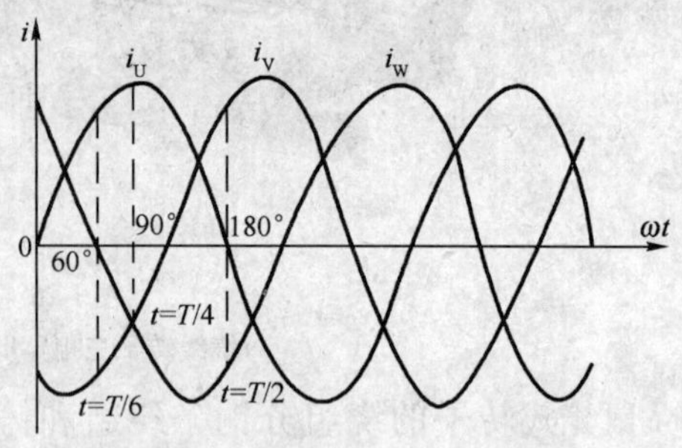

图 1-28　对称三相电流波形

3. 三相异步电动机的机械特性

异步电动机转矩 M 和转速 n_2 之间的关系称异步电动机的机械特性。三相异步电动机的额定转矩的计算公式为：

$$M_e = \frac{P_e}{n_e} \tag{1-41}$$

式中：M_e——电动机额定转矩（N·m）；

P_e——电动机额定功率（kW）；

n_e——电动机额定转速（r/min）。

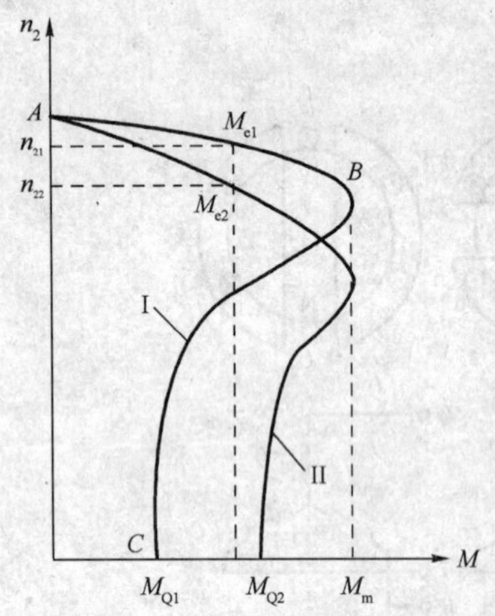

图 1-29　三相异步电动机的机械特性
曲线 I-鼠笼式电动机的机械特性曲线；
曲线 II-绕线式电动机的机械特性曲线

鼠笼式电动机的机械特性曲线，如图 1-29 曲线 I 所示。电动机开始接通电源时 $n_2=0$，对应的转矩 M_{Q1} 称起动转矩。当 M_{Q1} 大于电机轴上的负载转矩 M_f 时电机开始转动。随着 n_2 的升高，M 先是沿特性曲线 CB 部分增大，到达最大值点以后又沿曲线的 BA 减小，当 $M=M_f$ 时电动机停止加速，在某一转速匀速运行。正常情况下电动机一经起动很快就能工作在曲线的 AB 部分。AB 部分称额定工作区，在额定工作区，若负载转矩 M_f 加大，则转速 n_2 下降，负载转矩 M_f 减小，n_2 升高。如果 M_f 过大超过最大电磁转矩 M_m，则电动机进入非稳定工作区 BC 部分，转速急剧下降，直至停车。

4. 三相异步电动机的特点

1）鼠笼式异步电动机具有硬的机械特性

在额定工作区 AB 部分，n_2 随 M 的增加下降得不多，即机械特性较硬。

2）鼠笼式异步电动机具有较大的过载能力

额定转矩 M_e 和额定转速 n_{21} 对应的坐标点在曲线 AB 部分的中间，这样电动机不会因不大的过载就停车。最大转矩 M_m 和额定转矩 M_e 之比称为过载能力 λ，即

$$\lambda = \frac{M_m}{M_e} \tag{1-42}$$

λ 一般为 1.8 ~2.6。

3)鼠笼式电动机起动能力不大

规定:额定转矩 M_e 和起动转矩 M_Q 之比,称起动能力 C_Q,表示为

$$C_Q = \frac{M_e}{M_Q} \tag{1-43}$$

C_Q 一般为 1.1 ~1.8。

4)电源电压的波动对鼠笼式异步电动机电磁转矩 M 影响大

这是因为 M 与电压的平方成正比。如果电源电压降低到额定值的 70%,则转矩 M 只有额定值的 49%。

5)绕线式电动机的机械特性曲线和鼠笼式电动机基本一样

对于绕线式异步电动机,当外接变阻器处在零位时,绕线式电动机的机械特性曲线和鼠笼式电动机基本一样。当变阻器不处在零位(转子绕组中串入电阻)时,其机械特性曲线如图 1-29中的曲线 II 所示。从曲线 II 可以看出,外接变阻器起到了四个作用。

(1)使机械特性变得较软,转速 n_2 随 M 的增加下降比鼠笼式电动机快。

(2)增大起动转矩,改善起动条件,由 M_{Q1} 增大到 M_{Q2}。

(3)限制了起动电流,外接电阻器限制了转子绕组的感应电流,进而限制了定子绕组起动电流。

(4)调节了电动机的转速,改变变阻器的阻值能改变电动机的转速。在图 1-29 中额定转矩 $M_{Q1} = M_{Q2}$ 没有变,而转速却从 n_{21} 降到 n_{22}。

5. 三相异步电动机的选择

1)种类选择

鼠笼式电动机构造简单,坚固耐用,起动设备比较简单,价格和运行费用低。但它的起动电流大,起动转矩较小,调速困难。一般适用于 100kW 以下,不经常起动,不调速的机械。

绕线式电动机起动电流小,起动转矩大,并能在小范围内调速,但结构稍复杂,价格稍高,适用于电源容量较小(不允许起动电流太大),要求起动转矩大,经常起动和要求小范围调速(调速比不超过 1:3)的场合,如破碎机、起重机等。

若异步电动机不能满足要求时,应考虑选用其他类型的电动机,如直流电动机等。

2)结构形式的选择

(1)开启式电动机的绕组和旋转部分没有设置遮盖装置,通风散热良好,造价低,但只适用于干燥、清洁、没有灰尘和没有腐蚀性气体的厂房内。

(2)防护式电动机的外壳能防止铁屑、水滴等杂物落入电动机内部,但不能防止潮气和尘土的侵袭,适用于环境比较干燥,粉尘少,无腐蚀和爆炸性气体的场合。

(3)封闭式电动机的外壳是全封闭的,散热性能较差。为改善散热条件,机壳制有散热片,尾部装有风扇。适用于有水飞溅、粉尘较多的环境。

(4)防爆式电动机的外壳和接线盒均是密封的,因此,该类电动机内部若出现火花时,不会导致周围可燃气体的爆炸。这类电动机适用于有可燃气体或易燃爆炸物的场合。

3)功率的选择

电动机的功率选大了，设备不能得到充分利用，功率因数低；选择小了，造成温升过高，严重影响电动机的寿命。若工作温升高于额定温升6～8℃，电动机的寿命要减少一半（常称6～8℃规则）；高于额定温升40%，寿命只有十几天；高于额定温升125%，寿命只有几小时。

（1）连续运行且负载恒定的电动机，应取电动机额定功率等于实际需要功率的1.1～1.2倍。

（2）连续运行但负载变动的电动机，可用类比法，即先调查同类生产机械的电动机功率，然后进行分析比较，最后确定电动机功率。这是一种较为实用的方法。

（3）短时工作的电动机，可选用按连续工作设计的电动机。电动机的额定功率为

$$P_e \geqslant \frac{P_g}{\lambda} \tag{1-44}$$

式中：P_g——短时负载功率（kW）；

λ——电动机的过载系数，λ一般为1.8～2.5。

也可选用专为短时工作而设计的电动机，其工作时间为15min、30min、60min和90min四种。此时应按实际工作时间尽量靠近系列标准工作时间，负载功率尽量靠近系列额定功率的原则选择电动机。

（4）反复短时工作的电动机，一般选用专门设计的电动机，其标准负载持续率有15%、25%、40%和60%四种（规定一个周期总时间≤10min）。选择原则同上。

4）电动机转速的选择

当功率一定时，电动机的额定转速越高，则电动机尺寸越小，重量越轻，越经济；但生产机械速度是一定的，当电动机额定转速过高时，必导致传动部分的传动比加大。因此，选择电动机额定转速时，应综合考虑各方面的因素。

5）电动机电压的选择

工程实际中通常选用380V的低压电动机。只有功率很大时才选用3 000V或6 000V的高压电动机。

三、典型控制器件的功能、主要结构、选择方法

在路桥施工中，常用的电气设备有电度表、熔断器、开关、热继电器、接触器、电动机等。异步电动机是施工工地最常用的动力设备，而异步电动机的控制电路是工地上最常见的控制电路。本章以异步电动机控制电路为例，介绍各常用电气的作用、工作原理、组成部分和使用条件等。

上述电气中，熔断器、热继电器属于保护器件；闸刀开关、接触器、起动按钮、停止按钮属于控制器件；电度表为仪表类器件。

一般常见异步电动机电路，如图1-30所示，电路主要由异步电动机、保护器件、控制器件、仪表类器件四大部分组成。

随着用途和使用条件的不同，异步电动机控制电路在组成上又存在一定的差异。下面以工地上较简单的单转向直接起动异步电动机控制电路为例（见图1-30），介绍电动机控制电路的组成，以及各类常用电气的相互关系和使用。

图1-30a）为该电路的实体连接图。电度表（PJ）的三根端线与外电源相接。合上闸刀

开关(QS),按下起动按钮(SB_1),接触器(KM)动作,接通电动机(M)主电路,电流经电度表(PJ)、闸刀开关(QS)、熔断器(FU)、接触器(KM)主触头、热继电器(FR)后流入电动机(M),电动机旋转,将电能转变为机械能,驱动作业机械工作,从而实现了从电能到机械能的转化。

为了简单、清晰、明了地表达电路原理,常采用电气原理图。图中以各种符号代表电气元、器件和设备,这些符号由国家标准规定。在电气原理图中,为了画图和识图的方便,同一电气的各个部分(如接触器的触头和线圈)不是画在一起,而是根据需要分散在电路各处,并以相同的符号标注(或在相同的符号上加注下标)。

图1-30b)为单转向直接起动的异步电动机控制电路的电气原理图。图中PJ表示电度表,它显示设备消耗电能的数量;QS表示闸刀开关,其作用是通、断主电路;FU表示熔断器,其作用是短路保护和过载保护;FR表示热继电器,起过载保护作用;KM代表接触器,控制主电路的通断;SB_1 代表起动按钮;SB_2 代表停止按钮;M代表电动机。

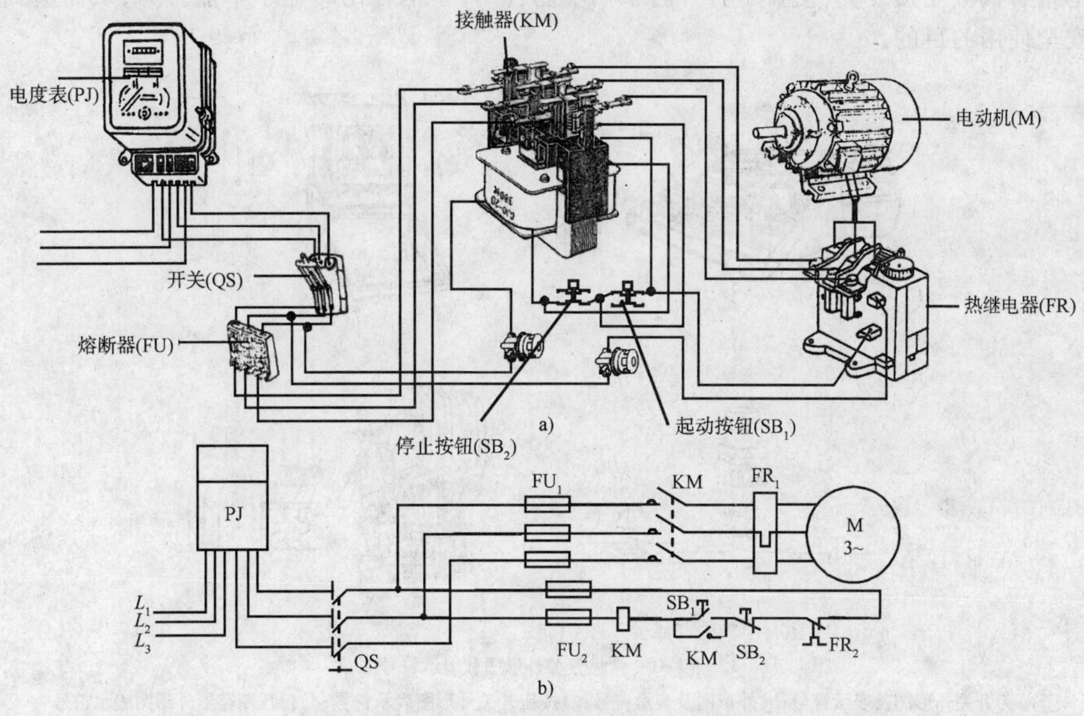

图1-30 异步电动机控制电路图

a)异步电动机控制实体连接电路图;b)异步电动机控制电气原理图

1. 控制器件

在上面的内容中,我们已经初步接触到了路桥施工用电的电路组成和基本电气元件,其中控制器件包括各类开关和接触器,其作用是根据工作需要接通、断开电路,以便实现控制自动化甚至远距离控制。下面逐一介绍常用的控制器件。

1)开关

开关的作用是直接控制电路的通断,常见的开关有刀开关、铁壳开关、按钮开关和低压断路器,其外形和表示符号分别如图1-31a)、b)、c)和d)所示。下面分别做一个简单的介绍。

(1)刀开关

如图 1-31a)所示,刀开关一般由防护外壳、绝缘底板、电源进线座、负载接线座、静触头及三个(或两个)刀片式动触头和熔断丝组成。这种开关具有一定的分断能力,兼有通、断和保护电路的功能。

刀开关可用在主电路中,其额定电压一般不超过 500V,额定电流分很多等级,实际选用时应注意,使用电压不能超过额定电压值,使用最大电流应略低于额定电流值。

普通刀开关的主要优点是结构比较简单,使用成本低;缺点是用在容量较大的电动机电路或其他感性负载电路中时,静触头和刀片间会产生很强的电弧,容易将刀片和静触头烧蚀,影响开关的使用寿命,甚至危及操作人员的安全。

(2)铁壳开关

如图 1-31b)所示,其表示符号与刀开关相同。铁壳开关由刀开关、熔断器和密封的钢外壳组成。开关内装有加速弹簧,能提高开关的断开速度,以减轻拉弧现象。操作机构带有机械互锁装置,使盖子打开时手柄不能合闸,手柄合闸时盖子不能打开,从而达到安全使用的目的。

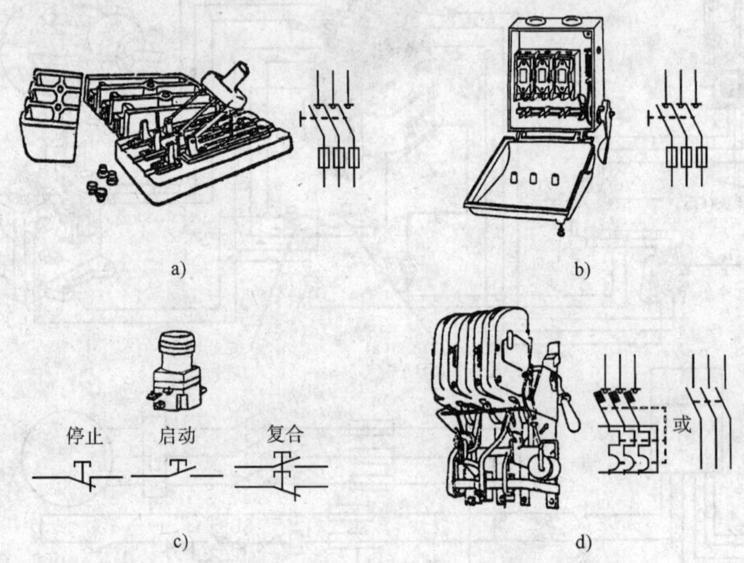

图 1-31　常见开关外形图和表示符号

a)刀开关外形图及表示符号;b)外形图及表示符号;c)按钮开关外形图表示符号;d)低压断路器外形图表示符号

铁壳开关也可用在主电路中,其选用原则与刀开关相同,都同时受到额定电压和额定电流的限制。

与刀开关相比,铁壳开关的主要优点是使用安全、可靠、寿命较长,更能适用于电流较大的场合;其缺点是结构较复杂,价格比刀开关高。

(3)按钮开关

按钮开关的特点是结构简单,尺寸小,能允许通过的电流较小,因此,在一般电流较小的日常照明电路中,可用来直接控制电路的通、断;或者用在动力电路的控制电路中起到间接控制主电路的功能。如图 1-30a)所示电路中的起动按钮开关和停止按钮开关,用在控制电路中控制接触器,并靠接触器的动作,间接控制主电路。

(4)低压断路器

低压断路器又称自动空气断路器或空气自动开关。它既能通过人工操作，控制电路的通断，又具有过载、短路和欠压保护功能，在线路发生故障时能自动切断电路。

低压断路器的结构原理，如图 1-32 所示。

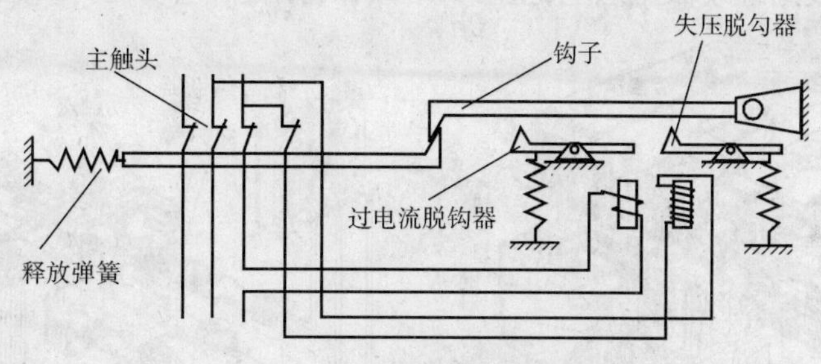

图 1-32　低压断路器工作原理图

从图 1-32 可以看出，三个主触头上接三相电源，下接负载。图示位置处于闭合状态，即已经将三相电源引到负载。

当负载出现过载或短路时，电流将超过额定值，使过电流脱扣器的线圈产生大于弹簧拉力的电磁力，将衔铁右端向下吸引，衔铁推动脱扣机构使其脱扣，传动杆在弹簧力的作用下向右移动，将主触头和辅助触头断开，切断负载与电源的联系，使电路和负载免遭大电流的冲击，起保护作用。

当电源电压过低时，低电压脱扣器的线圈吸力过小，吸不住本身的衔铁，在脱扣弹簧的作用下，衔铁左端推动脱扣机构使其脱扣，同理将电路分断，使负载免遭低电压的危害。

低压断路器的优点是能切断较大的短路电流，可以控制任何性质的负载，还具有低压保护功能，所以应用范围较广；其缺点是结构复杂，价格较高，同时，操作次数和操作频繁程度都会影响其寿命，所以只应用于操作不频繁的场合。

对于低压断路器，在使用时应该注意其容量的选择。以下三点可保证对低压断路器的正确选择：

①低压断路器的额定电流（即主触头长期允许通过的电流值），应按电路工作电流选择；

②脱扣器的额定电流（即脱扣器不动作时长期允许通过的电流值），应按电路的工作电流选择；

③脱扣器的整定电流（指脱扣器不动作时允许通过的瞬时最大电流值）应按电路可能出现的最大尖峰电流选择。

2）交流接触器

电动机的主电路电流较大，主电路的通断，一般是通过交流接触器来完成。交流接触器既能频繁通、断电路，此外，还能实现远距离控制。

（1）交流接触器的基本结构和工作原理

交流接触器的外形如图 1-33 所示，它主要由电磁机构和触头两大部分组成。电磁机构的作用是操纵静、动触点的分、合动作，它由励磁线圈、铁芯和衔铁组成。

交流接触器各触头的接线，如图 1-34 所示。与三个主接线柱相连接的动触头与上铁芯固联在一起，随上铁芯的上下运动而断、通电路。静触头与另一侧三个主接线柱相连接，动、静触头的开、闭实现了电源和负载的断、通。起动按钮和停止按钮与励磁线圈相连接，接入控制电路。交流接触器与起动按钮和停止按钮共同组成通、断主电路的控制电路。

如图1-34和1-33b)所示，当按下起动按钮接通控制电路，交流接触器励磁线圈通电后产生强磁力，使上铁芯带动动触头向静触头移动并迅速吸合，使主电路接通电源，电动机开始运转。此时，与起动按钮并联的常开辅助触头接通并自锁，即使手离开起动按钮，仍保持控制电路的接通，使励磁线圈继续保持通电，主触头继续保持闭合，电动机持续运转。

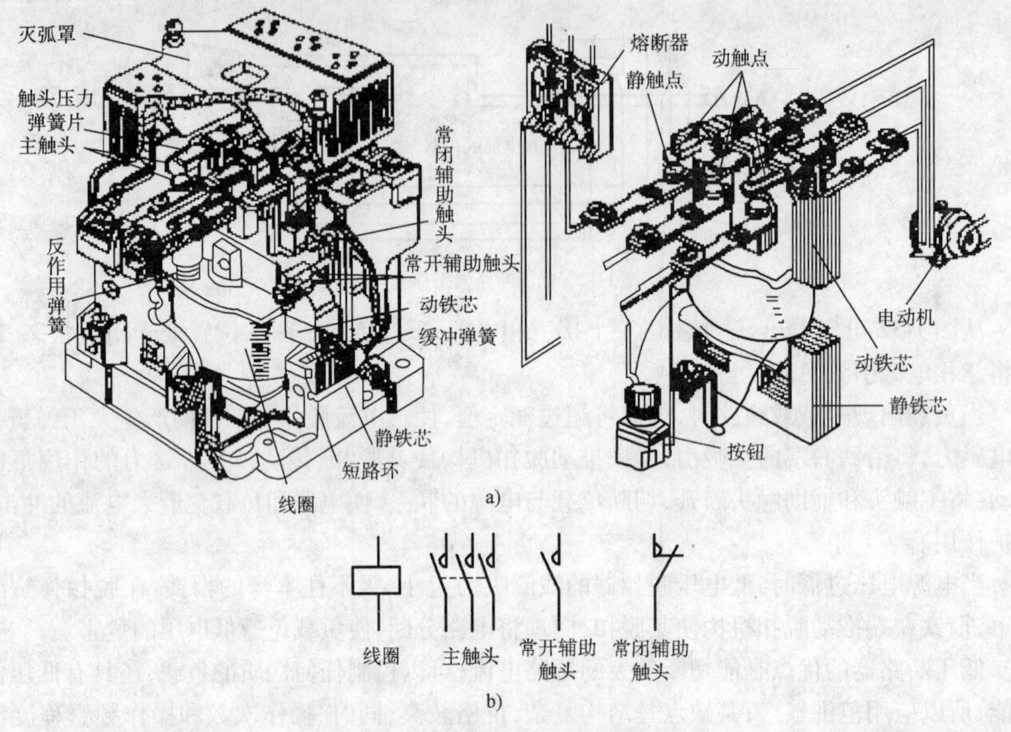

图1-33 交流接触器外形图及表示符号

a)交流接触器外形图；b)表示符号

若按下停止按钮，控制电路断开，励磁线圈断电，铁芯电磁吸力消失，上铁芯在回位弹簧作用下带动动触头向上运动，主电路断开。

(2)技术参数

①额定工作电压和电流

交流接触器主触头的额定工作电压为380V、660V和1 140V，辅助触头为380V；主触头的额定工作电流从6A到600A被分为若干等级。

②额定工作制

交流接触器的额定工作制分为长期工作制、间断长期工作制(8h工作)、反复短时工作制和短时工作制四种。

③操作频率

交流接触器的操作频率指每小时通断的次数，一般为30～1 200次/h。

④使用类别

交流接触器按照通断电流能力与用途一般可分为四种，见表1-1。

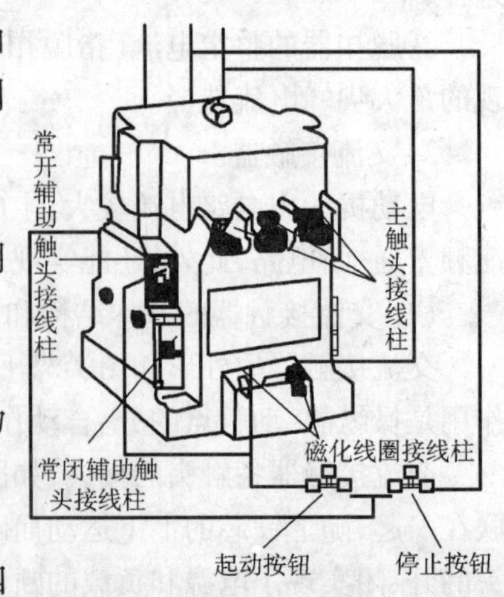

图1-34 交流接触器实体接线图

接触器的类别　　表1-1

类别	接通条件			断开条件			用途
	电流	电压	功率因数	电流	电压	功率因数	
A_1	I_e	U_e	0.9	I_e	U_e	0.9	通、断无感或微感负载，如电阻炉
A_2	$2.5I_e$	U_e	0.7	$2.5I_e$	U_e	0.7	绕线式电动机的起动、停止和反接制动
A_3	$6I_e$	U_e	0.4	I_e	$0.16U_e$	0.4	直接起动和分断运行中的鼠笼式电动机
A_4	$6I_e$	U_e	0.4	$6I_e$	U_e	0.4	鼠笼式电动机重复短时的通、断

注：I_e——额定工作电流；U_e——额定工作电压。

(3)选择和使用

①类型的选用

类型的选用应根据实际用途的特点，对照表1-1所列用途和类别进行选择。

②主触头额定电流(I_e)的选择

主触头额定电流(I_e)的选择一般不考虑电动机的起动电流，直接按电动机的额定功率估算。按照这一原则，应有

$$I_e \geqslant \frac{P_e \times 10^3}{KU_e} \tag{1-45}$$

式中：I_e——主触头额定电流(A)；

U_e——电动机额定电压(V)；

P_e——电动机额定功率(kW)；

K——系数，一般取1.0～1.4。

如果频繁地控制电动机的起动、制动或正、反转，通常应将主触头额定电流降低一级使用。

③主触头的额定电压(U_e)的选择

主触头的额定电压(U_e)的选择应该参照接触器铭牌上的说明。铭牌上所指额定电压是主触头正常工作应能承受的电压，使用时应根据主回路电压来选择，不能与电磁线圈电压相混淆。

④电磁线圈的铭牌上，有24V、36V、110V、127V、220V、380V和500V几种，使用时应根据控制回路的电压来选择。

⑤按控制回路需求，选择辅助触头的种类和数量。

在安装前，应做到以下几点：

a. 检查接触器铭牌及线圈上的技术数据是否符合实际使用要求；

b. 擦净铁芯端面的防锈油，以免油垢黏滞而造成断电不释放；

c. 检查接线是否正确无误；

d. 在主触头不带电情况下，先使电磁线圈通电，分、合数次，确认动作可靠后，方能投入使用。

3)凸轮控制器的使用和基本结构

交流凸轮控制器是一种手动转换开关，在路桥施工起重机械中得到运用。其功能是控制小型交流电动机的起动、停止、调速、反转及制动，也可以适用于有同样要求的其他电力拖动系统中。

交流凸轮控制器的结构如图 1-35 所示,其主要由触头、凸轮、触头杠杆、方轴、弹簧、滚子、手轮和灭弧罩组成。工作时,方轴带动凸轮转动,使滚子落入凸轮的凹部,从而达到使触头闭合的目的;当凸轮凸出部分顶住滚子时,就会使触头断开。触头断开时产生的电弧由灭弧室熄灭。在方轴上装有不同形状的凸轮,可使一系列的触头按规定的顺序接通、分断电路。

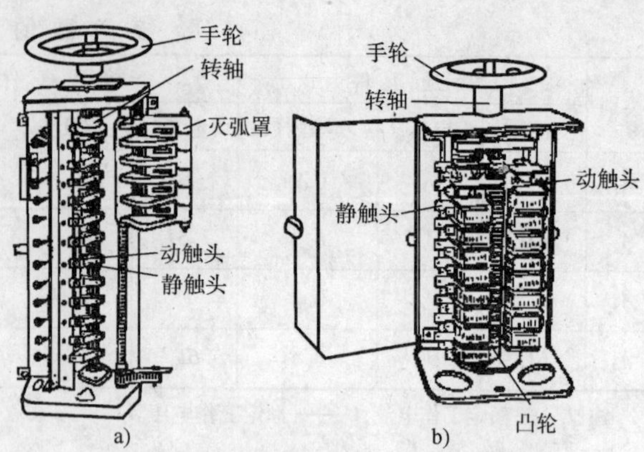

图 1-35　凸轮控制器的外形及接线原理图

a) KTJ1 系列;b) KT12 系列

2. 保护器件

为了防止过载和短路时烧坏用电设备和导线,在电源与用电设备之间串联有保护器件。其作用是当用电设备或线路出现短路或其他异常情况时,能适时地断开电路,既保护电源,也防止设备或线路故障的扩大和蔓延。常见的保护器件有熔断器、热继电器、双金属式电路断电器等。

1) 熔断器

常用的熔断器有插入式熔断器、管式熔断器、填料式熔断器和螺旋式熔断器四种,其外形如图 1-36 所示。在电流不很大的电路及控制电路中,多用螺旋式熔断器或插入式熔断器;照明电路中多用插入式熔断器;电流较大的电路中管式熔断器运用较多。

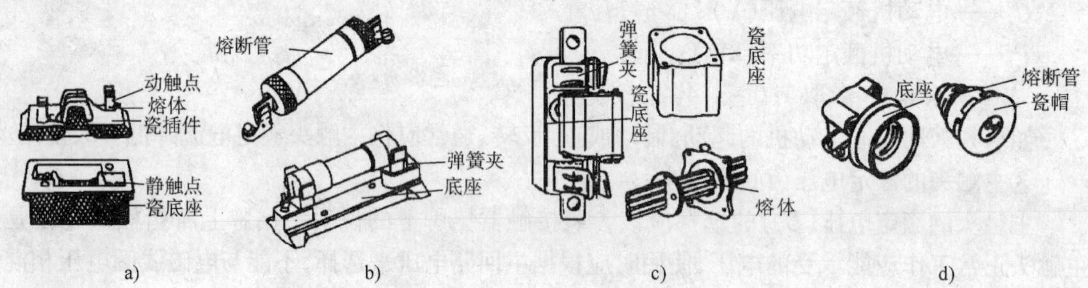

图 1-36　熔断器外形图

a) 插入式 RC1A 系列;b) 管式 RM0 系列;c) 填料式 RT0 系列;d) 螺旋式 RL1 系列

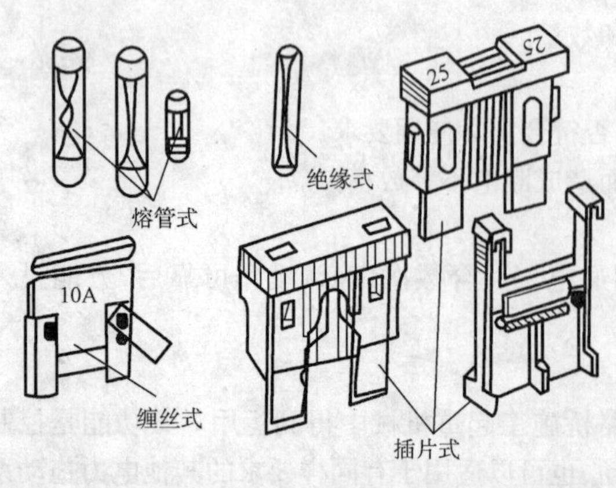

图 1-37　工程机械常见熔断器

熔断器由熔体、绝缘材料和绝缘外壳等组成,也是一种过载和短路保护用的电器。当通过的电流大于熔体的额定值时,由于电流的热效应,熔体便熔化而切断故障部分和电源的通路。其中的熔体是由熔点很低的金属丝或金属片制成。这里我们重点介绍熔断器的参数、不同熔断器的基本情况及熔断器的选择原则。

工程机械直流电用熔断器外形如图 1-37 所示。为便于检查和更换熔断丝,工程机械上常将各电路的熔断器集中安装在一起。随着继电器和熔断器的逐渐增多,许多工程机械将各种继电器和熔断器等集中安装在一块或几块配电板上。配电板正面装有继电器和熔断器的插头，背面是接线插座，这种配电板及其盖子常称为中央集电盒。

(1)熔断器的主要参数

熔断器的主要参数有：额定电压、额定电流和极限分断能力。额定电压指熔断器的正常工作电压；额定电流分为熔断器的额定电流和熔体的额定电流。熔体的额定电流值不能超过熔断器的额定电流值。熔断器的额定电流分为多个等级，各个等级具体参数如表 1-2 所示。工程机械直流电用熔断器额定电流的规格如表 1-3 所示。

熔断器额定电流等级 表 1-2

熔断器的额定电流(A)	熔体的额定电流(A)	熔断器的额定电流(A)	熔体的额定电流(A)
10	2、4、6、10	200	100、125、150、200
25	15、20、25	400	200、250、300、350、400
60	30、35、40、50、60	600	400、430、450、500、550、600
100	60、80、100	1 000	700、800、900、1 000

工程机械直流电用熔断器额定电流的规格 表 1-3

品种规格		额定电流(A)								
玻璃管式		2	3	5	7.5	10	15	20	25	30
绝缘式				5	8	10		25	25	
插片式	电流(A)	2	3	5	7.5	10	15	20	25	30
	颜色	无色	紫	棕黄	褐	红	浅蓝	黄	白	绿
金属丝式	电流(A)		3		7.5	10	15	20	25	30
	直径(mm)		0.11		0.20	0.25	0.30	0.35	0.40	0.47
熔片式	电流(A)	20			45		60		80	
	厚度(mm)	0.20			0.40		0.60		0.80	

极限分断能力是指熔断器所能断开的最大短路电流值，此值的大小取决于熔断器的灭弧能力。

(2)RC1A 系列插入式熔断器

RC1A 系列插入式熔断器的灭弧能力差，极限分断能力也低，且熔化特性不稳定。所以只用于负载不大的照明和容量在 7.5kW 以下的电动机短路保护。

(3)RM0 系列管式熔断器

RM0 系列无填料封闭管式熔断器采用弯截面锌片作熔体，用钢纸作封闭绝缘管。当电路因过载或短路而产生故障时，锌片的几处狭窄部分同时熔断，形成很大的灭弧间隙，有利于灭弧。同时，电弧热量能使钢纸管内壁局部分解，产生气体，也有利于灭弧。但经过几次动作后，熔管内壁变薄，使灭弧效率和机械强度降低。为了使用安全，一般分断三次后必须换管。

(4)RT0 系列填料式熔断器

填料式熔断器的填料通常有 SiO_2 和 Al_2O_3 两种。填料式熔断器在熔体熔断产生电弧的过程中能吸收电弧能量，使电弧迅速熄灭。

(5)RL1 系列螺旋式熔断器

RL1 系列螺旋式熔断器为有填料熔断器。熔体装在空心瓷体中央，周围填满石英砂用以冷却电弧，故灭弧能力较强，极限分断能力较高。由于体积小，更换熔体方便，故应用广泛。RL1 系列螺旋式熔断器常用于配电线路和电动机的过载、短路保护。当熔体熔断时，位于空心瓷体上端的红色指示片变色脱落。

(6)熔断器的选用原则

在选用熔断器时应该注意：

①熔断器的额定电压≥熔体的额定电压；

②熔断器的额定电流≥熔体的额定电流；

③对于输配电线路，熔体的额定电流应稍小于或等于线路的允许载流量；

④对于变压器、电炉、照明器等电气，熔体的额定电流应稍大于或等于负载额定电流；

⑤对于单台直接起动的电动机，所选熔体的额定电流应为 1.5 ~ 3 倍电动机额定电流，降压起动的鼠笼式电动机，熔体的额定电流稍大于或等于 1.25 倍电动机额定电流；

⑥对于多台直接起动的电动机，取总熔体额定电流稍大于或等于最大一台电动机额定电流的 1.5 ~ 3 倍加上其余电机额定电流的总和。

2)热继电器

热继电器常用于电动机的过载保护和缺相保护，又常和交流接触器组合成磁力起动器。

热继电器的外形、内部结构和符号如图 1-38 所示。

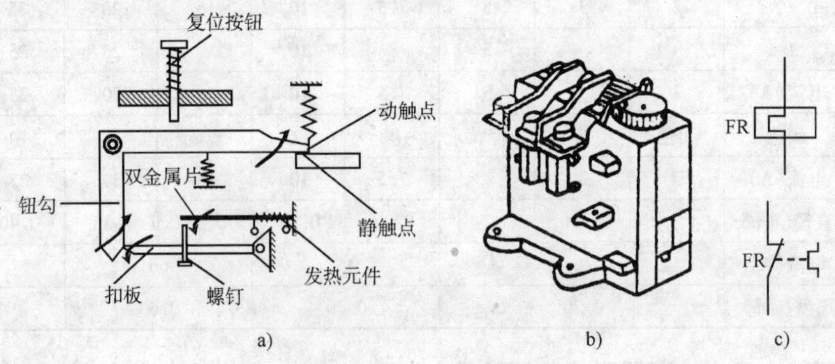

图 1-38 热继电器

a) 内部结构原理图；b) 外形；c) 表示符号

图 1-38a) 中发热元件由阻值不大的电阻丝绕制而成，也可以采用电阻片。双金属片是由两层膨胀系数不同的金属压制而成，发热元件串接在电动机定子电路中，电路中流过的电流越大，产生的热量越多，使发热元件内的双金属片温度上升。由于双金属片上层膨胀系数大，下层膨胀系数小，随着温度的上升，双金属片会向下弯曲推动螺钉，使扣板向下移动，从而使钮钩脱开，钮钩在弹簧的作用下转动，动触点和静触点脱离（动触点和静触点组成热继电器的常闭触点），电动机控制回路中接触器线圈断电释放，电动机电源被切断。

热继电器动作后，一般不能自动复位，必须等双金属片冷却后，按动复位按钮，钮钩和扣板才能恢复原来的位置。

选择热继电器应考虑以下两点：一是通常情况不取热继电器的整定电流与电动机的额定电流相等，一般取整定值为电动机额定电流的 0.95 ~ 1.05 倍；但对于过载能力差的电动机，整定值只能取电动机额定电流的 0.6 ~ 0.8 倍；而对起动时间较长、冲击性负载、拖动不允许停车的机械等情况，发热元件的整定电流要比电动机额定电流高一些。二是频繁起动的电动机不宜采用热继电器保护。

3）双金属式电路断电器

双金属片式电路断电器常用于保护电动机等较大电流的电气设备，其特点是可重复使用。一次作用式断电器和多次作用式断电器的结构，如图 1-39 所示。一次作用式断电器断电后，重新使用时需人为地按一下；多次作用式断电器当电路中出现过载、短路或搭铁故障尚未排除时，电路时通时断，可保护电源、灯泡和线路不被损坏。

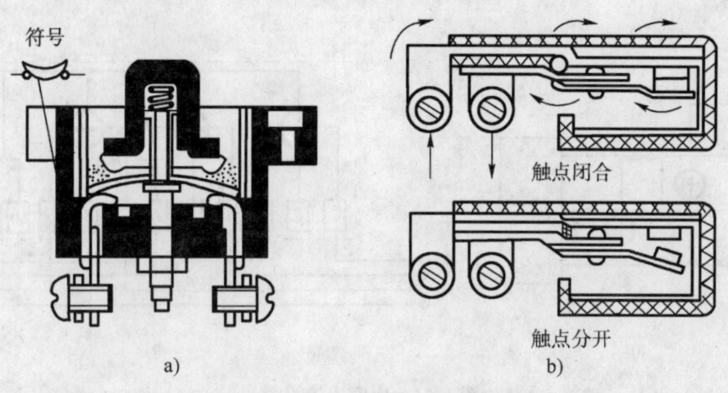

图 1-39　双金属片式电路断电器

a）一次作用式断电器；b）多次作用式断电器

3. 电度表

1）电度表的组成

电度表是用来计量用电量的仪表，其结构原理见图 1-40 所示。电度表主要由电流铁芯及线圈、电压铁芯及线圈、转动部件、制动磁铁、积算器五部分组成。

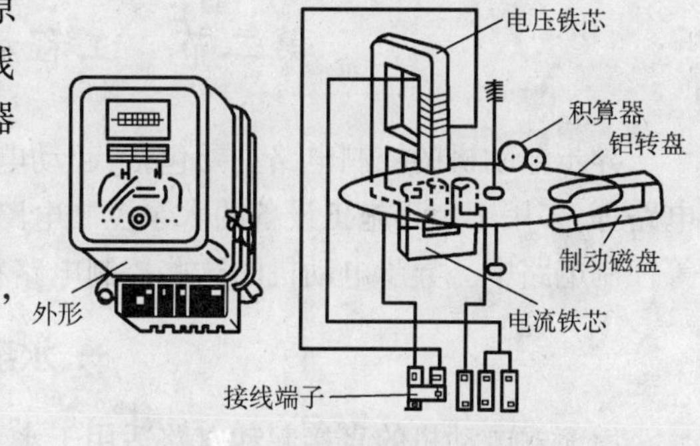

图 1-40　感应式电度表的原理

（1）电流铁芯及线圈

电流铁芯及线圈，其中线圈匝数少，导线粗，线圈串联在电路中。

（2）电压铁芯及线圈

电压铁芯及线圈，其中线圈匝数多，导线细，线圈并联在电源两端，电流铁芯线圈与电压铁芯线圈共同构成驱动部件。

（3）转动部件

转动部件由铝转盘、转轴和轴承组成，可以自由转动。

（4）制动磁铁

制动磁铁如图 1-40 中制动磁盘所示。

（5）积算器

积算器由蜗杆、蜗轮和字轮等组成（图中未全部画出）。

2）电度表工作原理

电度表的工作原理是：当交流电流流过电压线圈和电流线圈时便产生交变磁场，铝转盘在磁场中感应出电涡流，于是铝转盘成了载流导体，在磁场中受到电磁力矩的作用而产生转动；制动部分的作用是在转盘转动时产生反作用力矩，使转盘的转速与负载功率成正比，从而使电度表能正确计量负载消耗的电能。积算器的作用是通过积算盘的转数来计算电能。转盘转动时,转轴上的蜗杆带动积算器上的齿轮转动,通过传动机构最后使字轮转动,直接显示出消耗电能的度数。三相电度表也是根据同一原理工作的。

3)电度表的接线

电度表的接线如图1-41a)、b)所示。图1-41a)是用两只单相电度表测量三相三线制负载的接线,两只电度表读数之和即是三相负载的用电量。三相四线制电度表的接线方法见图1-41b)。

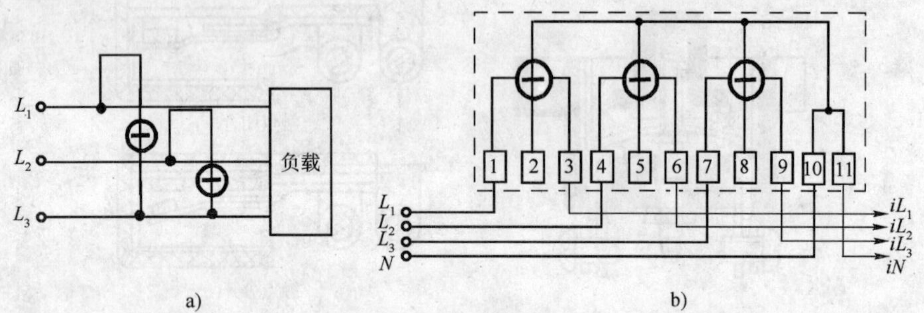

图1-41 电度表接线图

a)两只单相电度表测量三相三线制负载;b)三相四线制电度表的接线

在选用电度表时使工作电压等于或小于电度表的额定电压,其负载电流应略小于电度表的额定电流。电度表不允许长期在额定电流的5%~10%下运行,因为此时测量的结果将不准确。

第二节 工程机械控制电路实例

异步电动机的控制电路主要包括:起动电路、制动电路、正反转电路、调速电路、安全保护电路等,多用于工程施工设备的水泵控制电路、升降机控制电路、小车控制电路、吊车控制电路等控制电路中。异步电动机的这些控制电路在路桥施工其他电路中也有较多运用。

一、水泵控制电路

鼠笼式电动机的直接起动电路适用于水泵等工程施工设备控制电路。

直接起动的优点是设备简单、操作方便,起动过程短。只要不是频繁起动,电网的容量足够大(一般情况下大于电动机容量的5~10倍),就可以采用直接起动的方法。若电源容量小,直接起动会影响邻近电气设备的正常运行。

下面结合具体的工作负载实例,分析单转向直接起动控制电路的工作过程,以及如何根据负载正确选用各个电气元、器件。

例1-7 某筑路工地根据用水量计算出需要功率为4.8kW的电动机带动水泵。试确定电动机的控制电路及各电气设备型号。

解:(1)选电动机:因水泵是连续运行,负载恒定,故按电动机功率选择原则,电动机的功率应是所需功率的1.1~1.2倍。

则,电动机功率 $N_e=(1.1\sim1.2)\times4.8=5.25\sim5.76(\mathrm{kW})$。

根据功率在5.28~5.76kW的范围和工作条件,查电动机手册,选定型号为Y-132s1-2,功率为5.5kW、$U_e=380\mathrm{V}$、$I_e=11.1\mathrm{A}$的电动机。

(2)确定控制电路:根据水泵和电动机工作情况,选择单转向直接起动的控制电路,如图1-42所示。

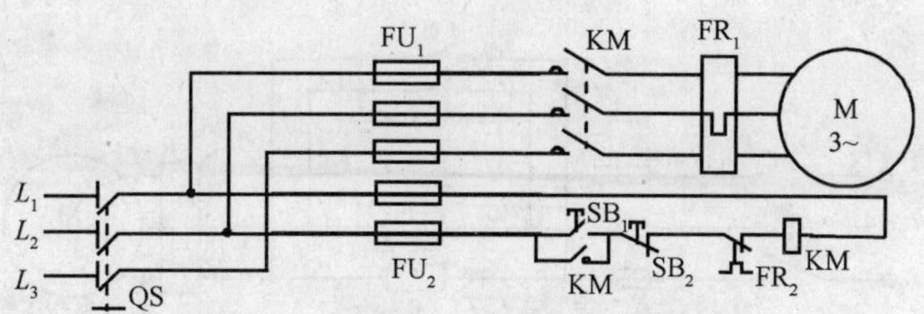

图1-42 直接起动电气原理图

(3)选开关:根据电动机电路的工作情况,选用工程实用、经济合理的刀开关。根据电动机电路的电压、电流查电工手册,选用刀开关的型号为“HK1-60”。

(4)选熔体:(刀开关上已配熔断器)该电路为单台直接起动电动机,根据熔断器选用原则,按熔体额定电流为电动机电流的1.5~3倍选取,应为

$$I_e = (1.5 \sim 3) \times 11.1 = 16.5 \sim 33.3(A)$$

在熔体额定电流为16.5~33.3A的范围内,查表选择熔体额定电流为30A的熔丝(熔断器额定电流为60A)。

(5)选接触器:根据电动机功率、电压、接触器主触头额定电流为:

$$I_e \geqslant \frac{P_e \times 10^3}{KU_e} = \frac{5.5 \times 10^3}{1.0 \times 380} = 14.5(A)$$

根据电路工作情况,接触器类别应为A_3类,由于分断电流较小,故直接按主触头工作电流I_e选择。电路所需接触器至少要有三对主触头、一对常开辅助触头。根据以上参数查电工手册,选得型号为“CJ10-20”的交流接触器(三对主触头、$I_e = 20A$、$U_e = 380V$,两常开,两常闭辅助触头,线圈电压为380V、功率为22V·A)。

(6)选热继电器:根据电动机工作电压和工作电流值,查电工手册,选得型号为“JRO—20/30D”的热继电器(500V以下,20A)。

(7)选按钮:根据所选接触器辅助触头的$I_e = 5A$(由电工手册查得),查电工手册,选得型号为“LA_2”的起动按钮和停止按钮($U_e = 500V$、$I_e = 5A$)各一个。

(8)根据题意选取合适的控制电路熔断器:根据接触器辅助触头的额定电压和额定电流查电工手册,选用RL-15的螺旋式熔断器,熔体额定电流为6A。

二、电动机控制电路

1.起动控制电路

异步电动机控制电路中的起动电路,除上述介绍的鼠笼式电动机的直接起动电路外,鼠笼式电动机的起动电路还有电阻起动法、Y—△起动法、自耦变压器起动法等主要方式,绕线式电动机的起动电路还有电阻器起动法和频敏变阻器起动法等主要方式。

鼠笼式电动机的电阻起动法、Y—△起动法、自耦变压器起动法属于降压起动法。当电网的负荷能力不能满足直接起动条件时,就需利用一定的设备,将电压适当降低后加在电动机的定子绕组上,以限制电动机的起动电流;当电动机一次起动完毕(即电动机达到一定转速)后,再将电压提高到额定值,使电动机作二次起动,达到额定转速,这种方法称之为降压起动。

1)电阻起动法

如图 1-43 所示，起动时接通 QS_1（QS_2 打开），此时电阻 R 串接在主电路中，限制了电动机的起动电流。电动机转速升高后接通 QS_2，R 被短路。采用这种方法电阻 R 要消耗大量的电能。

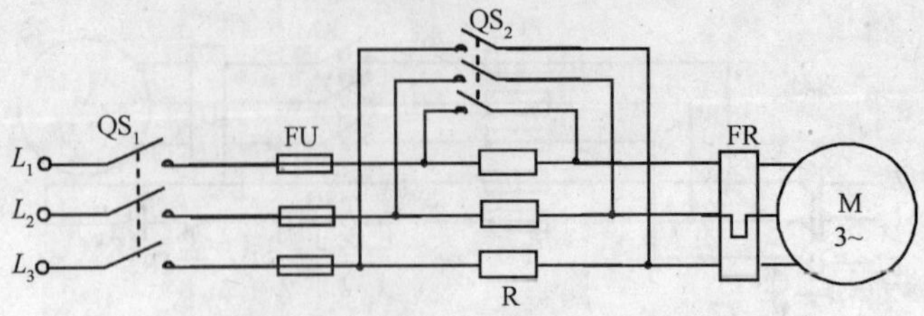

图 1-43 鼠笼式电动机的电阻起动

2）Y—△起动法

此法适用于正常运行时作△连接的电动机，如图 1-44。起动时将 SA 置于起动位置，此时电动机作 Y 形连接，绕组承受的电压为 220V，起动电流小。电动机转速升高后将 SA 倒向运行位置，使电动机作△形连接，定子绕组承受 380V 的电压。该方法的优点是起动设备的费用低，起动过程中没有电能的损失，起动转矩只有直接起动的 1/3。

3）自耦变压器起动法

自耦变压器降压起动是利用自耦变压器降低电动机起动时的电压，达到限制起动电流的目的，它适用于容量较大且正常工作时为星形接法的三相鼠笼式异步电动机，其工作过程如图 1-45 所示。起动时，先合上电源开关 QS，再把开关 SA 扳到左边“起动”位置，三相电源经自耦变压器降压后，再接入电动机的定子绕组，实现了电动机的降压起动。待电动机转速上升到一定值时，把开关 SA 迅速扳到右边“运行”位置，电动机与自耦变压器脱离，并开始在额定电压下正常运行。

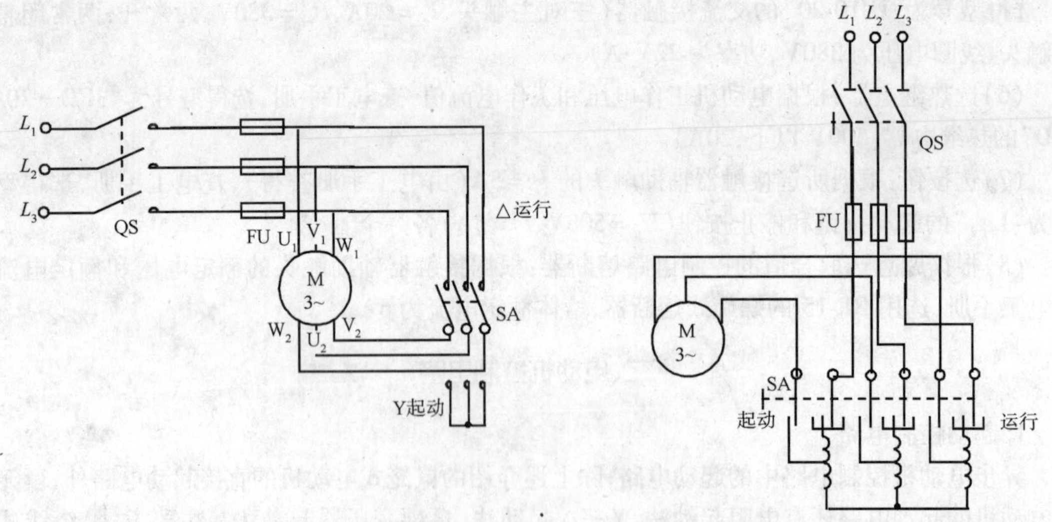

图 1-44 鼠笼式电动机的 Y－△起动　　图 1-45 鼠笼式电动机的自耦变压器起动

4）电阻器起动法

这种起动方法适用于起动频繁，要求起动时间短和重载起动的机械，如卷扬机、起重机等。电阻器起动法如图 1-46 所示，通过在电动机的转子回路中串入电阻的方法来限制起动电流和增大起动转矩。每相电阻分为 $1R \sim 3R$ 五段，通过控制器切换触头 $Q_1 \sim Q_3$ 的断开或闭合，切换各段电阻。开始起动电动机时，全部切换触头呈断开状态，这时电阻全部被串入转子电路。起动过程中,使 $Q_1 \sim Q_3$ 触头依次闭合,电阻全部短路,电动机起动完毕。电阻起动电路还能用来调速,但要采用调速变阻器。起动变阻器是按短时间运行设计的,长期通过电流会因过热而损坏。

5)频敏变阻器起动法

该方法适合轻载起动和不要求调速的场合。频敏变阻器主要由三组线圈和铁芯组成。如图 1-47 所示,三组线圈以 Y 形连接接入转子电路中,铁芯由若干片较厚的方钢叠装而成,阻抗随线圈中通过的电流频率而变。

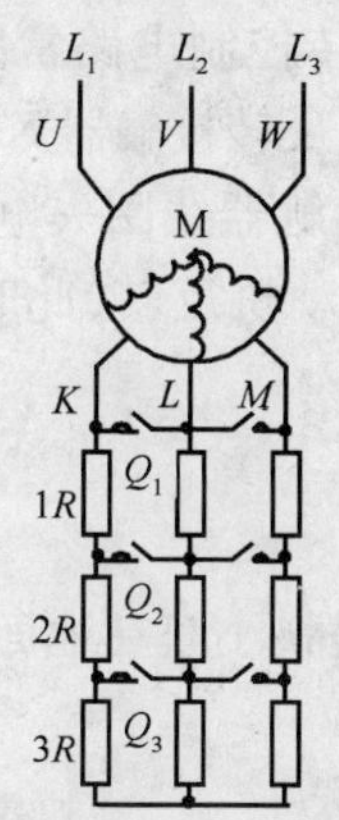

图 1-46　绕线式电动机的电阻器起动

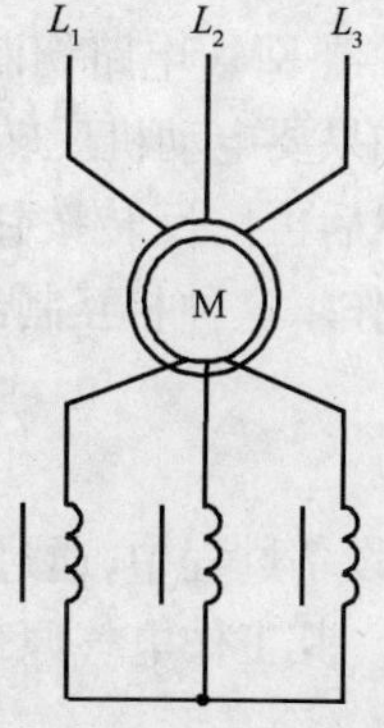

图 1-47　绕线式电动机的频敏变阻器起动

当线圈中电流的频率较高时,一方面铁芯的涡流损耗增大,另一方面线圈的感抗增大,致使频敏变阻器的阻抗随电流频率的变化而显著改变。开始起动时,频敏变阻器串入转子电路,此时转子电流频率最高,等于电源频率,频敏变阻器阻抗最大,从而限制了起动电流。随着电动机转速的升高,转子电流频率逐渐降低,频敏变阻器的阻抗也逐渐降低,起动完毕时把频敏变阻器从转子电路中切断,使转子绕组短接。

这种起动方法的优点是起动平滑,操作简便,运行可靠,成本低廉。不足的是起动转矩不大,一般只能达到最大转矩的 50% 左右。

2. 异步电动机的正反转电路

要改变电动机的旋转方向,只需互换任意两根电源线即可。三相异步电动机的正反转控制电路如图 1-48 所示。

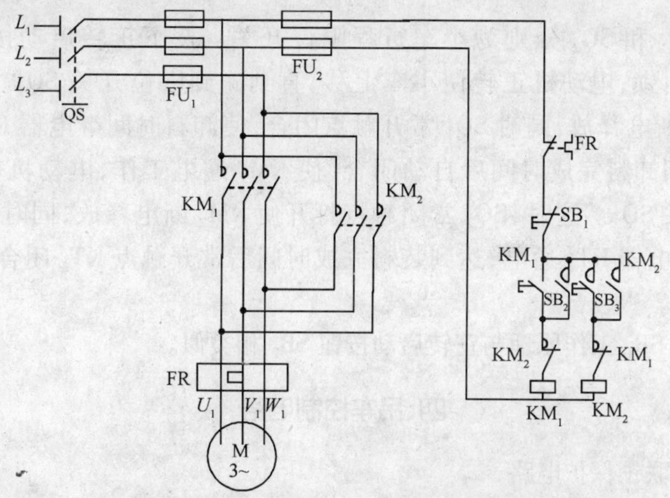

图 1-48　三相异步电动机的正反转控制电路

电路中用了正转接触器 KM_1 和反转接触器 KM_2，当接触器 KM_1 工作时，电源通过主触头 KM_1 接到电动机定子绕组上，这时电动机正转。如果接触器 KM_2 工作时，电源通过主触头 KM_2，将电源 U、W 相对调后接到电动机定子绕组上，此时电动机反转。KM_1 和 KM_2 两个接触器不能同时工作，否则将会造成短路事故，因此在控制电路中加入了分别由接触器 KM_1 和 KM_2 控制的两个辅助常闭触头 KM_1 和 KM_2，实现互锁。

接通开关 QS，按下正转按钮 SB_2，正转接触器 KM_1 线圈通电，正转控制电路常开辅助触头 KM_1 闭合自锁，主电路主触头 KM_1 闭合，电动机正转。同时反转控制电路常闭触头 KM_1 断开，把反转接触器 KM_2 电路切断，这时如果误按下反转按钮 SB_3，反转接触器 KM_2 电路也不会工作。同理，如果要电动机反转，必须先按下停止按钮 SB_1，使接触器线圈失电，主触点断开，电动机停止，然后再按反转按钮 SB_3，反转接触器 KM_2 工作，电动机反转，此时，正转接触器 KM_1 也不会工作。这种相互制约的电路，称为“互锁”电路。

三、小车控制电路

施工拌和设备过程中，通过自动控制电动机的正反转达到提料小车在地面和成品料仓之间的往返运动。其工作电气原理如图 1-49 所示。

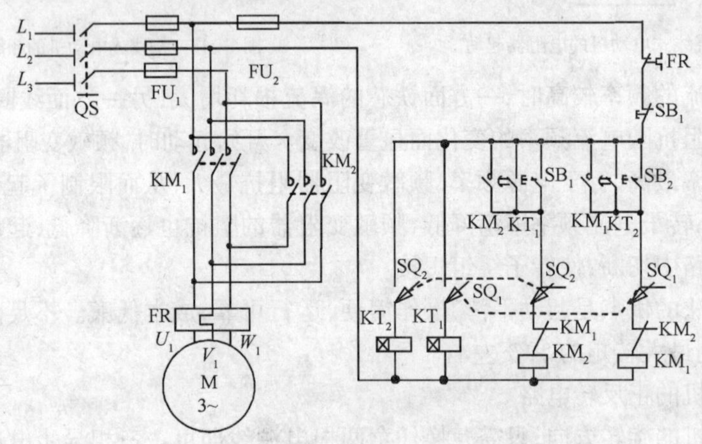

图 1-49 自动控制正反转电路

图 1-49 中 SQ_1 和 SQ_2 分别为小车行程限位开关。按下正转启动按钮 SB_2，接触器 KM_1 通电吸合并自锁，电动机正转使小车上移，直到碰到限位开关 SQ_1。这时，SQ_1 常闭触点打开使 KM_1 断电释放，同时 SQ_1 常开触点闭合，使卸料时间继电器 KT_1 通电，其延时闭合常开触点达到卸料完成时间后自动闭合，使 KM_2 通电工作，电动机反转，小车下行，直到碰到限位开关 SQ_2。这时，SQ_2 常闭触点打开使 KM_2 断电释放，同时 SQ_2 常开触点闭合，使装料时间继电器 KT_2 通电，达到装料完成时间后常开触点 KT_2 闭合使 KM_1 通电，小车上行，如此反复。

反转启动按钮 SB_1 工作原理与正转启动按钮 SB_2 相类似。

四、吊车控制电路

1. 异步电动机联锁保护电路

有些施工机械如吊车等上装多台电动机，它们必须按一定的顺序工作，否则就要出事故。

如要求电动机 M_1 起动后，电动机 M_2 才能起动，若电动机 M_1 因故障停机时电动机 M_2 也必须自动停机等，这些都可以由联锁控制电路来实现，如图 1-50 所示。

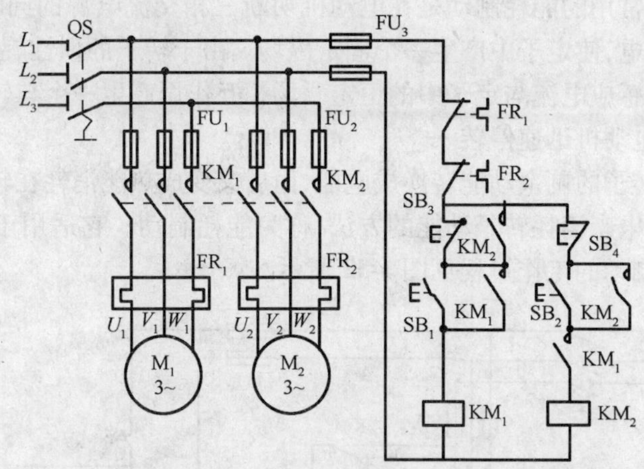

图 1-50　异步电动机联锁保护电路

两台电动机的联锁起动控制电路，由两个接触器自锁正转控制电路组成。电动机 M_1 的接触器 KM_1 有两对常开辅助触点，其中一对并联在起动按钮 SB_3 两端，作自锁用；另一对常开辅助触头与电动机 M_2 的接触器 KM_2 的线圈串联起来。所以电动机起动时，必须先起动电动机 M_1，然后才能起动电动机 M_2。并且由于接触器 KM_2 的常开辅助触点并联在按钮 SB_1 两端，使电动机在停止时必须先停止电动机 M_2。两台电动机的热继电器 FR_1、FR_2 触头串在控制电路的主线路上，这样无论电动机 M_1 或 M_2 因故障停机，而另一个电动机也会自动停机。如果误操作按下起动按钮 SB_2，先起动电动机 M_2，由于接触器 KM_1 没有工作，接触器 KM_2 线圈电路中的常开触头 KM_1 断开，使接触器 KM_2 不能通电，电动机 M_2 也就不能起动。只有接触器 KM_1 工作，它的主触头 KM_1 闭合，电动机 M_1 起动后，接触器 KM_2 线圈才能通电使电动机 M_2 起动。

2. 制动控制电路

1）反接制动控制电路

反接制动是利用加在电动机定子绕组的电源瞬时反接产生反向转矩，使电动机迅速停止转动。其反接制动电路如图 1-51 所示。

按下起动按钮 SB_1，接触器 KM_1 线圈通电，使在主电路中的接触器常开主触头 KM_1 接通；而控制电路中的常闭辅助触头 KM_1 断开；常开辅助触头 KM_1 闭合，电动机 M 开始转动，速度继电器 KA 使在控制电路中的触头 KA 接通，这时接触器 KM_2 电路仍未接通，故 KM_2 不能动作。当按下停止按钮 SB_2 时，接触器 KM_1 线圈失电，主电路常开主触头 KM_1 断开，电动机 M 断电。辅助电路中的常开辅助触头 KM_1 断开，常闭辅助触头 KM_1 闭合。此时，接触器 KM_2 线圈接通，使主电路常开主触头 KM_2 接通，电动机反接，并开始制动，速度逐渐下降至零。与此同时速度继电器的转速为零，其常开触头 KA 断开，接触器 KM_2 线圈失电，主电路的常开主

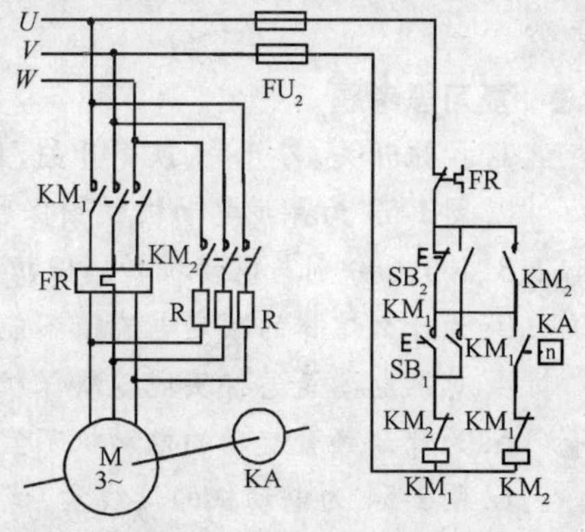

图 1-51　反接制动控制电路

触头断开，电动机断电，达到了准确停车的目的。

2）能耗制动电路

三相异步电动机常用的能耗制动是在电动机切断三相交流电源的同时，立即向任意两相定子绕组中通入直流电，使定子中产生一个固定磁场。由于转子的惯性旋转，在转子电路中将产生感应电流。这个感应电流与定子中的恒定磁场相互作用产生一个与转子惯性旋转方向相反的制动转矩，迫使电动机迅速停转。

在制动过程中，转子的剩余动能转换成电能，而后又变成热能消耗在转子电路中。这种在定子绕组中通入直流电来消耗转子动能的方法，称为能耗制动。它适用于要求制动平稳和制动准确的机械，能耗制动的工作过程见图 1-52 所示。

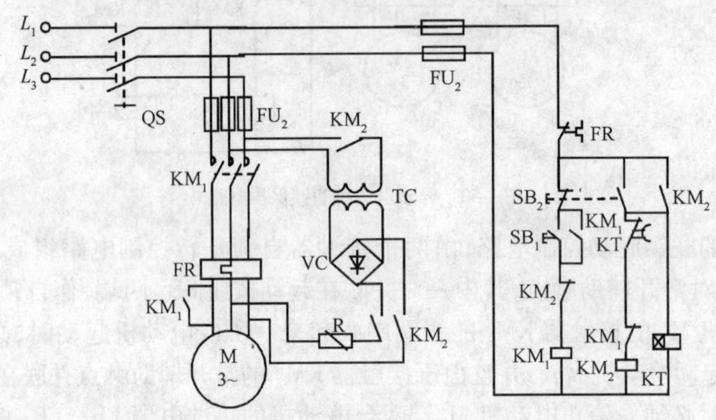

图 1-52 能耗制动电路

合上电源开关 QS，按下起动按钮 SB_1，控制电路自锁触头 KM_1 闭合，主电路主触头 KM_1 闭合，电动机 M 运转，控制电路互锁触头 KM_1 断开。电动机需停转时，按下停止按钮 SB_2，接触器 KM_1 线圈断电，控制电路自锁触头 KM_1 断开，主电路主触头 KM_1 断电，电动机交流电源切断；控制电路互锁触头 KM_1 闭合，使接触器 KM_2 线圈接通，控制电路自锁触头 KM_2 闭合，制动电路主触头 KM_2 闭合，通入直流电，电动机 M 能耗制动，控制电路互锁触头 KM_2 断开，切断 KM_1 控制电路可以避免电动机误起动。同时时间继电器线圈接通，控制电路中的常闭触头 KT 延时断开，当转子转速降到零时，时间继电器的延时时间到，触头 KT 断开，接触器 KM_2 断开，直流电源切断，制动结束。同时控制电路常开触头 KM_2 断开，常闭触头闭合，时间继电器 KT 线圈失电，常闭触头 KT 闭合，为下一次制动做好准备。

复习思考题

1. 按钮开关、刀开关、铁壳开关、自动空气开关各有哪些主要用途和特点？怎样正确选用？

2. 图 1-53 为异步电动机联锁保护电路中的接触器 KM_1（见图 1-50），试说出图中的标号 1、2、3、4、5、6 分别与电动机联锁保护电路中的什么电气相连接。

3. 为什么熔体的额定电流值不能超过熔断器的额定电流值？

4. 热继电器是怎样实现过载保护的？

5. 为什么频繁起动的电动机不宜采用热继电器保护？

6. 图 1-54 为电动机的接线盒，试分别将电动机的定子绕组接成△型和 Y 形连接。

7. 在选用电动机时，功率是选得越大越好，还是越小越好？为什么？

8. 鼠笼式异步电动机的直接、Y-△、电阻降压、自耦变压器起动等方法各有什么特点？

9. 按照异步电动机正反转电路的原理图，完成图 1-55 的实体接线图。

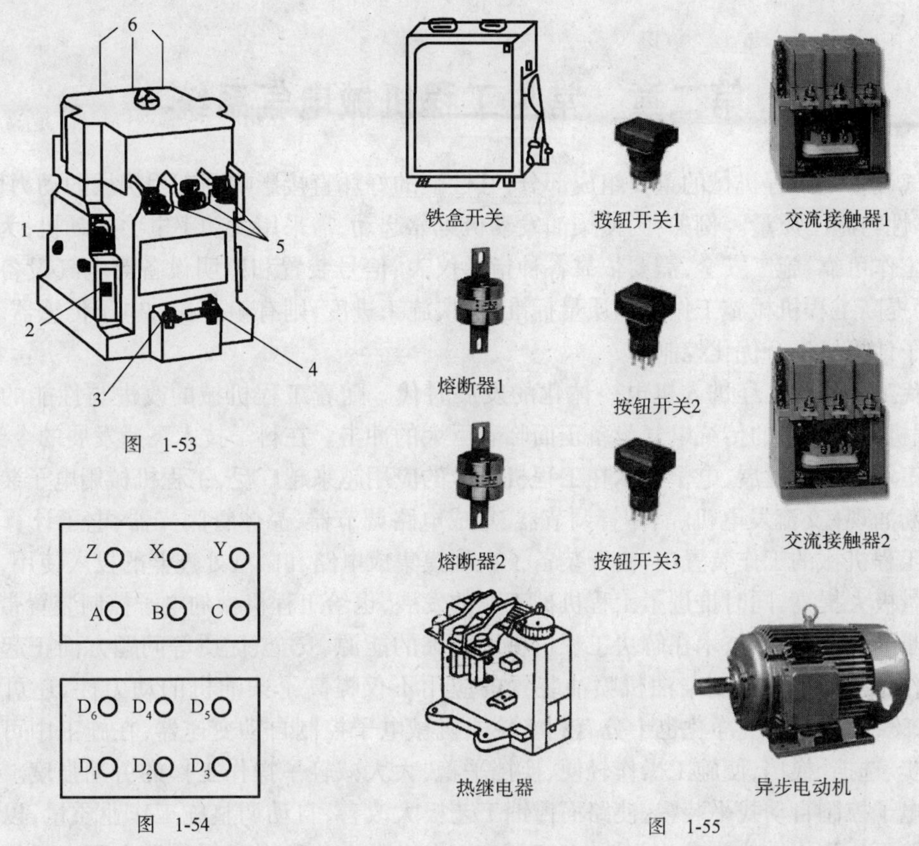

图 1-53

图 1-54

图 1-55

第二章 常见工程机械电气系统

电气设备是工程机械的重要组成部分,其性能的好坏直接影响到工程机械的动力性、经济性、可靠性与施工质量。例如:为使柴油发动机可靠起动,需采用大功率电力起动机;为保证工程机械工作可靠、施工安全,需要依靠各种指示仪表、信号装置和照明设备等电气设备的正常工作;为提高工程机械施工作业的质量标准,加快施工进度,则有赖于各种电子传感器、检测仪器及电子计算机进行优化控制。

现代工程机械已经进入机电一体化的发展时代。随着工程机械的改进与性能的不断提高,工程机械上装用的传统电气设备正面临着巨大的冲击。在科学技术飞速发展的今天,尤其是电子工业的迅猛发展,电子技术在工程机械上的应用越来越广泛,工程机械用电子装置的新产品不断涌现(交流发电机、晶体管调节器、集成电路调节器、晶体管闪光器、电子计算机等),特别是工程机械的工作装置中,由于装备了大规模集成电路和微型处理器的投入使用,使施工作业质量极大提高,同时推进了工程机械工业的发展,也给工程机械的电子控制装置带来了巨大的进步。当前,电子技术在解决工程机械所面临的能源、安全、优质等问题方面正起着十分重要的作用。如电子控制柴油机喷油装置的应用不仅提高了柴油机的动力性,还可以节油3% ~12%,同时对排气净化也十分有利。轮式机械电子控制自动变速器,在施工中可以自动进行起步、选挡、换挡,使施工操作轻便、换挡平稳,大大减轻了操作工作的劳动强度。混凝土摊铺机电子控制自动找平装置,使路面摊铺工艺极大改善,自动调整施工作业质量,以保证高速公路路面达到优质的要求。此外,在实现施工操纵自动化和提高舒适性方面也仍然离不开电子设备的应用。随着现代工程机械技术的不断发展,工程机械上所装用的电气与电子设备的数量也将与日俱增,所起的作用也将越来越重要。

第一节 直流电基础知识

由于工程机械的电源之一是蓄电池,蓄电池为直流电源,并且蓄电池放电后必须用直流电源对其充电,因此工程机械上的发电机也必须输出直流电。基于上述原因,工程机械上采用直流电。

本节就工程机械涉及到的直流电基础知识作介绍,其主要内容包括直流电的基本概念、简单电路、电源电位等有关知识。此外,讲述欧姆定律、克希荷夫定律、串并联电路的基本计算方法及其运用。

一、直流电基本概念和术语

1. 电流

导体中的电荷做定向移动就形成了电流。一般规定正电荷的移动方向为电流的正方向,负电荷的移动方向为电流的反方向。

电路中带电粒子定向运动的强弱表示为电流强度(I)。在国际单位制中,电流强度(I)的计量单位为安培(A)。计量微小的电流时,以毫安(mA)或微安(μA)为单位。它们之间有关系:$1A = 10^3 mA$,$1A = 10^6 μA$。

2. 电源、电动势和电压

电源是能够向外界提供电能的装置,例如蓄电池、干电池、电网以及发电机都可作为电源。在工程机械上一般有两个电源,一是蓄电池(辅助电源),二是发电机(主电源)。

电源的两端分别聚集有正、负电荷,它能向外提供电能。这时我们说电源具有电动势(E),它是表明电源供电能力的主要物理量之一。我们规定电流流出的那端为E的正极,反之为负极。E的方向规定为在电源的内部从负极指向正极。

在国际单位制中,电动势(E)和电压(U)的常用计量单位有千伏(kV)、伏特(V)和毫伏(mV),它们之间关系为:$1kV = 10^3 V = 10^6 mV$。

应该注意的是,E是电源两端的开路电压,U是电流通过时负载两端的电压降。

3. 电阻

电流在导体中流动时受到的阻碍作用称为电阻(R)。在国际制单位中,计量电阻的常用单位有欧姆(Ω)、千欧(kΩ)和兆欧(MΩ),他们之间关系为:$1MΩ = 10^3 kΩ = 10^6 Ω$。

电阻与导体材料阻碍电流的性质有关,这种阻碍特性用电阻率来表示,不同材料的导体有着不同的电阻率。对于线电阻,电阻与导线的长度和电阻率的乘积成正比,与导体的横截面积成反比。

二、电能与功率

当电流通过负载时会对负载作功,将电能传输给负载。例如,工地中使用的照明用灯具和电动机等,都是电能转换成热能和机械能的实例。负载会消耗电能,消耗的电能计算公式为:

$$A = UIt \tag{2-1}$$

式中:A——电能,单位为焦耳(J);

t——负载通电时间,单位为秒(s)。

另外,焦耳定律可以计算电流流过电阻时将电能转化为热能的多少,具体计算公式为:

$$A = I^2 Rt \tag{2-2}$$

电源单位时间内对负载所做的功称为电功率(P)。功率的计算式为:

$$P = UI \tag{2-3}$$

式中:P——功率,单位为瓦特(W)。

功率的倍数单位有千瓦(kW),毫瓦(mW)等。此外,电能常用的单位为千瓦小时(kW·h),俗称度,用来表征功率为1kW的负载工作1h所消耗的电能。

三、欧姆定律与串并联电路的特点

1. 欧姆定律

经过大量的试验证明:通常情况下,电阻两端的电流与电阻两端的电压成正比,这就是欧姆定律。它是电路的基本定律之一,欧姆定律可用如下计算式表示

$$\frac{U}{I} = R \tag{2-4}$$

式中:R——电路的电阻,欧姆(Ω)。

2. 串并联电路及其特点

在电路中，若干个电阻首尾相连，剩余一个首端和尾端分别与电源联接的接法称为串联，如图 2-1 所示。

运用欧姆定律，对照简单的串联电路（图 2-1），我们可以得出以下结论：

（1）总电阻（负载）是所有电阻之和，即：$R=R_1+R_2$；

（2）电路中通过每个电阻（负载）的电流相同，即 $I=I_1=I_2$；

（3）每个电阻（负载）两端的电压降与其电阻值成正比即：$U_1=I\times R_1$、$U_2=I\times R_2$；

（4）每个电阻（负载）的电压降之和等于电源电压，即 $U=U_1+U_2$；

（5）电阻消耗的功率等于各个电阻消耗的功率之和，即 $P=P_1+P_2$。

几个电阻一起连接在相同的节点之间的连接方式称并联，如图 2-2 所示。对照简单的并联电路（图 2-2）我们可以得出以下结论：

（1）加至每一并联支路的电压相同 $U=U_1=U_2$；

（2）总电阻的倒数为各电阻倒数之和，即 $\frac{1}{R}=\frac{1}{R_1}+\frac{1}{R_2}$；

（3）流经每条支路的电流与电阻值成反比 $I_1=\frac{U_1}{R_1}=\frac{U}{R_1}$、$I_2=\frac{U_2}{R_2}=\frac{U}{R_2}$；

（4）每条支路的电流之和等于电路的总电流 $I=I_1+I_2$。

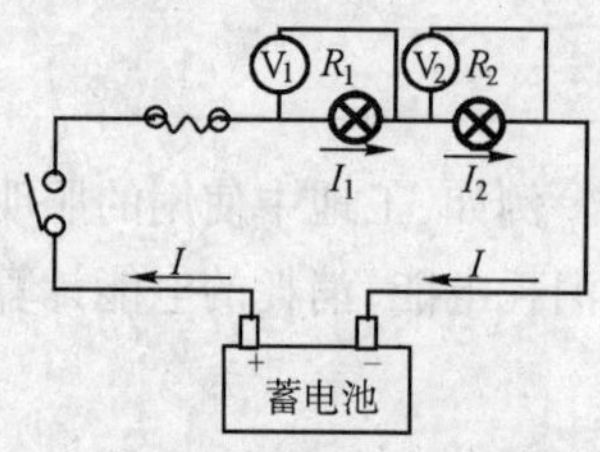

图 2-1　串联电路特点示

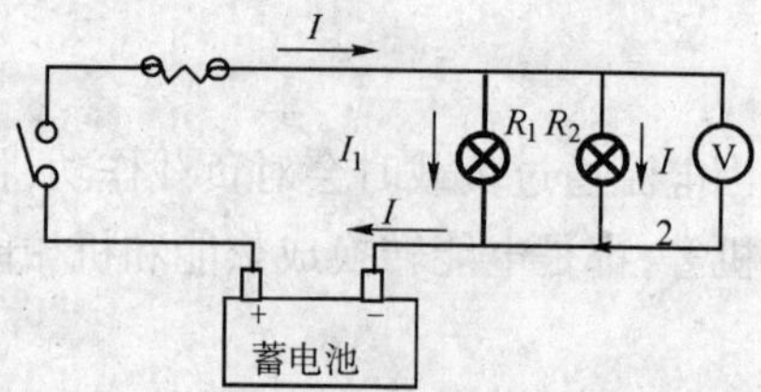

图 2-2　并联电路特点示

对于混联电路（即电路中既有串联连接，又有并联连接），首先应算出并联支路的等效电阻，其次算出串联电阻，最后两者相加。电流是由总电阻和电源电压决定的。

四、电路工作状态

电路的工作状态一般分为有载工作状态、开路状态和短路状态。现以最简单的直流电路（图 2-3）为例分别讨论电路的这几种工作状态。其中电路图中 E、U 和 R_0 分别为电源的电动势、端电压和电源内阻，R 为负载电阻，开关和连接导线等为中间环节。（因为电源具有电动势的同时又有内阻，为了明确和方便，今后我们通常用分开的电动势 E 和内阻 R_0 来表示电源，其中电动势 E 用圆圈表示，如图 2-4 所示。）

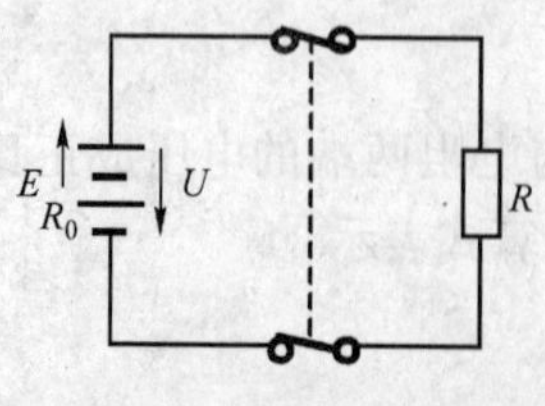

图 2-3　简单电路

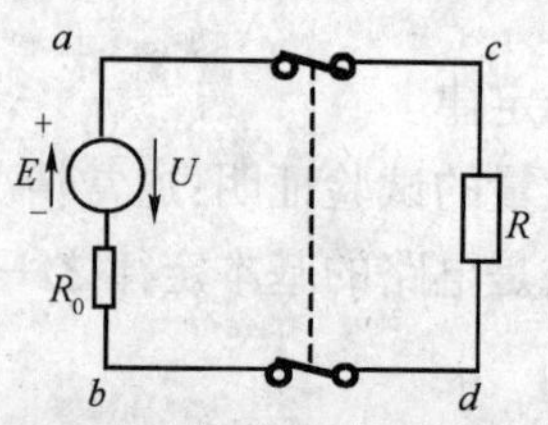

图 2-4　简单电路

1. 有载工作状态

将图2-4 中的开关合上，接通电源与负载，这就是电路的有载工作状态。电路中的电流为

$$I = \frac{E}{R_0 + R} \tag{2-5}$$

通常电路的电动势 E 和内阻 R_0 为定值，则由式 2-5 可见，负载电阻 R 愈小，电流 I 愈大。负载电阻两端的电压为 $U = IR$，将此式代入式 2-5 中得

$$U = E - IR_0 \tag{2-6}$$

由上式可见，电源端电压小于电动势，两者之差为电流通过电源内阻所产生的电压降 IR_0。若电流愈大，则电源端电压下降得愈多。

表示电源端电压 U 与输出电流 I 之间关系的曲线称为电源的外特性曲线，如图 2-5 所示，其斜率与电源内阻有关。电源内阻 R_0 一般很小，当 $R_0 \ll R$ 时，则 $U \approx E$，上式表明当电流负载变动时，电源的端电压变动不大。

2. 开路状态

如图 2-6 所示的电路中，当开关断开时，电路则处于开路(空载)状态。

开路时外电路的电阻对电流来说无穷大，因此电路中电流为零。这时电源的端电压(称为开路电压或空载电压 U_0)等于电源电动势 E，电源不输出电能。

因此，如上所述电路开路时的特征可表示为：$\begin{cases} I = 0 \\ U = U_0 = E \end{cases}$，而负载两端的电压 $U_{cd} = 0$。

3. 短路状态

在图 2-6 所示的电路中，当电源的两端 a 和 b 由于某种原因而联在一起时，电源则被短路，如图 2-7 所示。

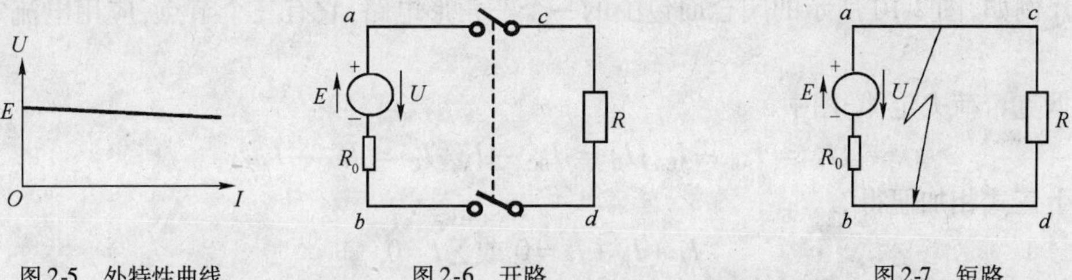

图 2-5　外特性曲线　　图 2-6　开路　　图 2-7　短路

电源短路时，外电路的电阻可视为零，电流有捷径可通，不再流过负载。因为在电流的回路中仅有很小的电源内阻 R_0，所以这时的电流很大，此电流称为短路电流 I_s。短路电流可能使电源遭受破坏。短路时电源所产生的电能全部被内阻消耗。电源短路时由于外电路的电阻为零，所以电源的端电压也为零，这时电源的电动势全部降在内阻上。

因此，电源短路时的特征可表示为$\begin{cases} U = 0 \\ I = I_s = \dfrac{E_0}{R_0} \end{cases}$。

短路可能发生在不正确连接的电路中，也可发生在负载端或线路的任何处。短路通常是一种严重的事故，因此，在工程中应当尽力预防。

产生短路的原因往往是由于绝缘损坏或接线不慎。因此经常检查电气设备和线路的绝缘情况是一项很重要的安全措施。此外，为了防止短路事故所引起的后果，通常在电路中接入熔断器或自动空气断路器，以便发生短路时，能迅速将故障电路自动切断。

五、克希荷夫电流电压定律

分析与计算电路的基本定律，除了欧姆定律外，还有克希荷夫电流定律和电压定律。克希荷夫电流定律应用于节点，电压定律应用于回路。

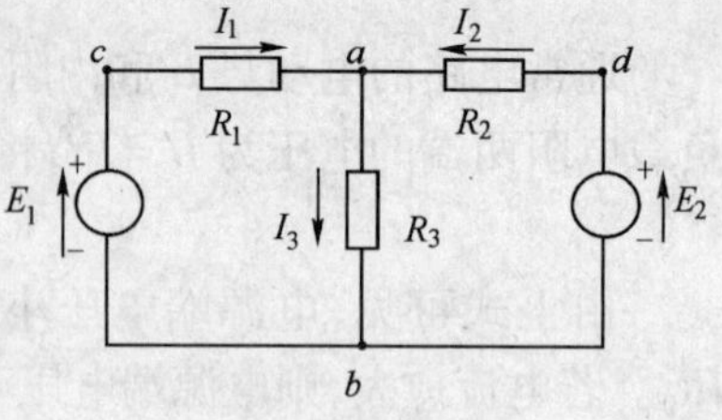

图 2-8　电路举例

电路中的每一分支称为支路，一条支路通过一个电流，称为支路电流。在图 2-8 中有三条支路。

电路中三条或三条以上的支路相连接的点称为节点。在图 2-8 所示的电路中共有两个节点 a 和 b。

回路是由一条或多条支路组成的闭合电路在图 2-8 中共有三个回路：$adbca$，$abca$，$abda$。

1. 克希荷夫电流定律

克希荷夫电流定律用来确定连接在同一节点上各支路电流之间的关系。由于电流的连续性，电路中任何一点（包括节点在内）均不能堆积电荷。因此，在任意瞬时流入某一节点的电流之和应该等于由该节点流出的电流之和。

在图 2-9 所示的电路中，对节点 a 可以写出

$$I_1 + I_2 = I_3 \tag{2-7}$$

或将上式改写为 $I_1 + I_2 - I_3 = 0$，即

$$\sum I = 0 \tag{2-8}$$

也就是在任一瞬时，节点上电流的代数和恒等于零。如果规定正方指向节点的电流取正号，则背离节点的电流就取负号。

克希荷夫电流定律通常应用于节点，也可以把它推广应用于包围部分电路的任一假设的闭合面。例如，图 2-10 所示的闭合面包围的一个三角形电路，它有三个节点，应用电流定律可列出：

根据克希荷夫定律，图中

$$I_A = I_{AB} - I_{CA};I_B = I_{BC} - I_{AB};I_C = I_{CA} - I_{BC}$$

以上三式相加便得

$$I_A + I_B + I_C = 0 \text{ 或 } \sum I = 0$$

可见，在任一瞬时，通过任意闭合面的电流的代数和也恒等于零。这里可以通过一个例子来进一步说明。

图 2-9　节点　　　　图 2-10　克希荷夫电流定理的推广应用

例 2-1　在图 2-11 中 $I_1 = 2A$，$I_2 = -3A$，$I_3 = -2A$，试求 $I_4 = ?$

解：由克希荷夫电流定理可列出

$$I_1 - I_2 + I_3 - I_4 = 0$$

由已知条件得到：$2 - (-3) + (-2) - I_4 = 0$

所以得 $I_4=3\text{A}$，I_4 的实际方向与图 2-11 所示相反。

由例题可看出，式中有两套正负号，I 前的正负号是由克希荷夫电流定理根据电流的正方向确定的，括号内数字前的正负号表示电流本身数值的正负。所以图 2-11 电流的实际方向为 I_1、I_4 流入节点，I_2、I_3 从节点流出。

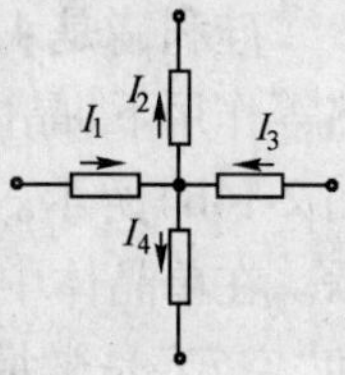

图 2-11

2. 克希荷夫电压定律

克希荷夫电压定律是用来确定回路中各段电压间关系的。如果从回路中任意一点出发，以顺时针方向或逆时针方向沿回路循行一周，则在这个方向上的电位升之和应该等于电位降之和，回到原来的出发点时该点的电位是不会变化的。

以图 2-12 所示回路为例，图中电源电动势、电流和各段电压的正方向均已标出。

按照虚线循行一周，根据电压的正方向可列出

$$U_1+U_4=U_2+U_3 \tag{2-9}$$

上式可改写为 $U_1-U_2-U_3+U_4=0$，即

$$\sum U=0 \tag{2-10}$$

就是在任一瞬时，沿任意回路循行方向（顺时针方向或逆时针方向），回路中各段电压的代数和恒等于零。如果规定电位升高取正号，则电位降低就取负号。

克希荷夫电压定律不仅能应用于闭合回路，也可以把它推广应用于回路的部分电路。

以图 2-13 所示的两个电路为例，根据克希荷夫电压定律列出式子。

对图 2-13a）所示电路（各支路的元件是任意的），可列出

$$\sum U=U_{AB}-U_A+U_B=0$$

对图 2-13b）所示的电路，可列出

$$\sum U=U+IR+E=0$$

应该指出，讲述时举的是直流电路，但是克希荷夫两个定律具有普遍性，它们适用于由各种不同元件所构成的电路，也适用于任意变化的电流和电压。应用定律列方程时，不论是应用克希荷夫定律还是欧姆定律，首先都要在电路图上标出电流、电压或电动势的正方向。通过电路计算求出的电流、电压，如果是负值，则标明该电流、电压的实际方向与标出的方向。

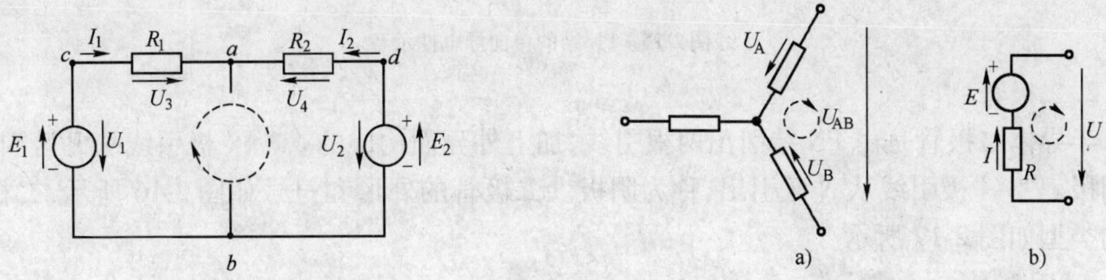

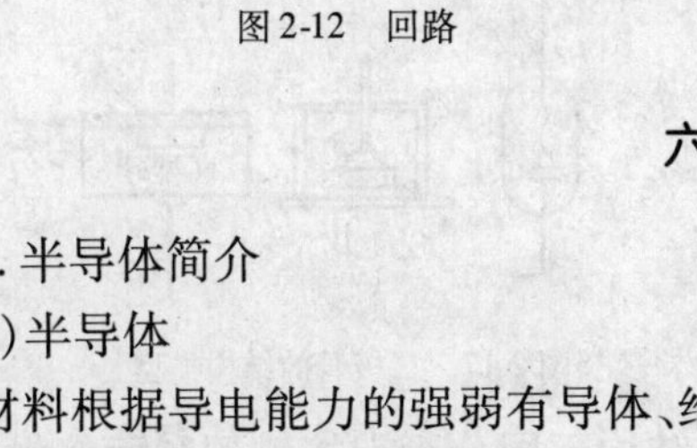

图 2-12　回路

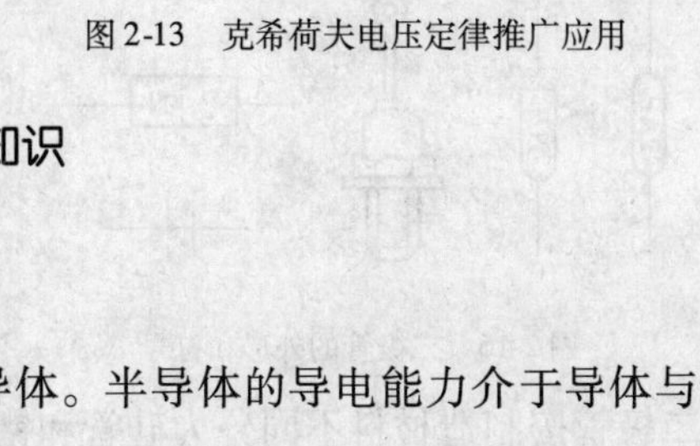

图 2-13　克希荷夫电压定律推广应用

六、电子基础知识

1. 半导体简介

1）半导体

材料根据导电能力的强弱有导体、绝缘体和半导体。半导体的导电能力介于导体与绝缘体之间。常用的半导体材料有硅、锗等。

2)P 型半导体和 N 型半导体

硅和锗是 4 价元素。在晶体结构中,原子之间构成共价键结构,如图 2-14a)所示。在光、热等作用下,晶体结构的半导体中,有少量的电子将挣脱束缚跳出共价键而形成自由电子,如图 2-14b)所示。失去电子的共价键中便形成一个相当于带正电荷的"空穴",如图 2-14c)所示。在单晶体中"空穴"和自由电子是成对处于不断产生和复合的动平衡状态,而且自由电子和"空穴"是微量的。所以半导体导电时的电流是电子电流与"空穴"电流之和。这是半导体导电方式的最大特点。

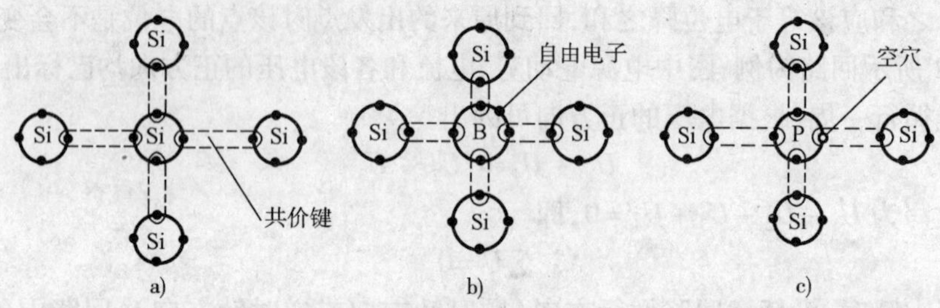

图 2-14　硅半导体的分子结构

a)单晶硅的共价键结构;b)P 型半导体的分子结构;c)N 型半导体的分子结构

在单晶体中掺入一定数量的三价元素硼,成为以"空穴"导电为主的半导体,称为 P 型半导体。掺入一定数量的五价元素磷,成为以自由电子导电为主的半导体,称为 N 型半导体。

在同一块半导体晶片上形成 P 型半导体和 N 型半导体,在两种半导体的交界处就会形成 PN 结。给 PN 结外加正向电压时,即外加电源的正极接 P 区,负极接 N 区,PN 结处于导通状态,PN 结呈现的电阻很低。给 PN 结外加反向电压时,即外加电源的负极接 P 区,正极接 N 区,PN 结处于截止状态,PN 结呈现的高电阻状态。因此 PN 结具有单向导电性,如图 2-15 所示。

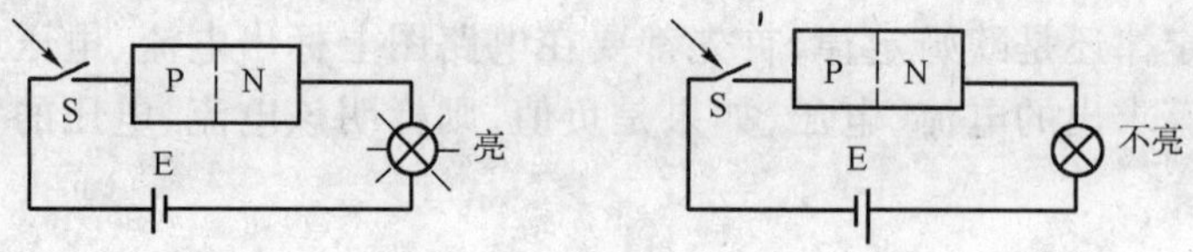

图 2-15　PN 结的单向导电性示意

2. 二极管

半导体二极管是由 PN 结引出两根引线,加上外壳而构成的。"+"极引线从 P 区引出,称为阳极。"-"极引线从 N 区引出,称为阴极。二极管的外形和符号如图 2-16 所示,二极管的结构类型如图 2-17 所示。

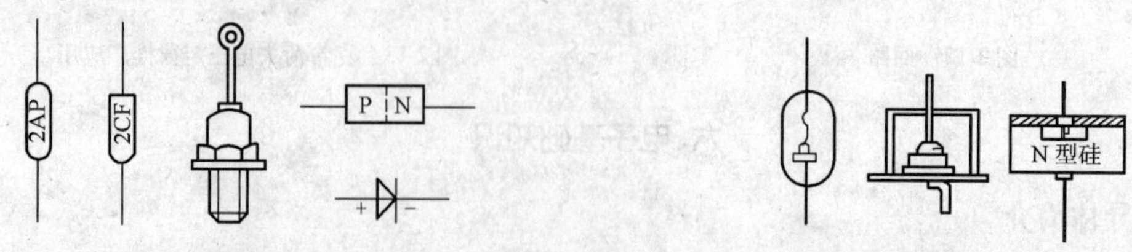

图 2-16　二极管的外形和符号

图 2-17　二极管的结构类型

二极管按制造材料不同分为硅管和锗管,按 PN 结结构不同分为点接触型和面接触型,按用途不同分为普通二极管、开关二极管和稳压二极管。当二极管两端处于反偏时,二极管处于开路状态。当二极管正偏时,二极管处于短路状态。

3. 三极管

三极管具有放大、开关、振荡、混频、频率变换等作用,是最基本的电子器件。

1)三极管的基本结构

三极管有三只管脚(有的金属壳相当于其中的一只管脚),三只管脚分别称为基极(B)、发射极(E)、集电极(C)。常用三极管外形如图2-18所示。

图2-18　常用三极管外形

三极管的内部结构都是由三层半导体、两个背靠背的PN结组成。三层半导体分别形成发射区、基区、集电区,两个PN结分别称为发射结和集电结。从结构上分为PNP型和NPN型两种。其结构示意和图形符号如图2-19所示,三极管有三个不同的导电区,中间称为基区,两侧分别称为发射区和集电区,每个导电区上引出的电极分别称为基极B、发射极E和集电极C。发射区与基区之间的PN结称为发射结,集电区与基区之间PN结称为集电结。

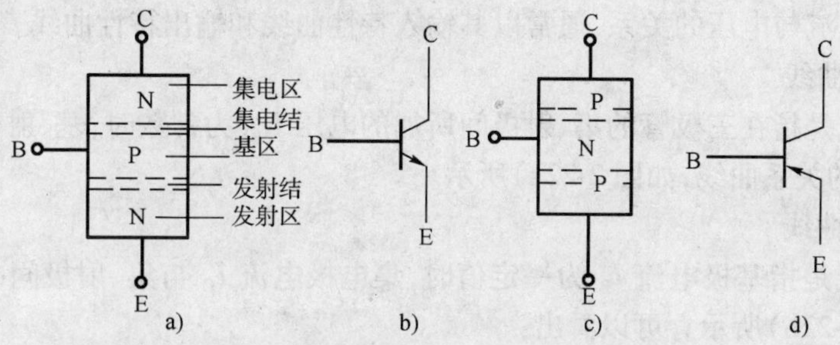

图2-19　三极管内部结构示意图及电路符号

a) NPN型;b) NPN型电路符号;c) PNP型;d) PNP型电路符号

2)三极管的工作原理与作用(以NPN型为例)

为使三极管实现电流放大作用,须给两个PN结加上合适的电压;发射结加正偏电压,集电结加反偏电压。如图2-20所示。加上偏压后,三极管内部载流子的运动情况分为三个过程:

(1)注入过程。在电源 E_B 的正偏电压作用下,发射结阻挡层变薄,更利于扩散运动,形成发射极电流 I_E。

(2)扩散与复合过程。发射到基区的电子,绝大部分向集电区扩散,形成较小的基极电流 I_B。

(3)收集过程。在反偏电压 E_C 的作用下,扩散到集电结的电子将受电场的作用加速移向集电极,形成集电极电流 I_C,完成收集从发射极发射出来的电子过程。

从上述三个过程可以看出,基极电流 I_B 与集电极电流 I_C 之和形成发射极电流 I_E。各电极电流的分配关系为

$$I_E = I_B + I_C \tag{2-11}$$

从发射区发射的电子,大部分被集电极接收,形成集电极电流 I_C,只有少部分形成基极电流 I_B。用 β 来表示集电极电流和基极电流的比例关系——又称为直流电流放大系数,即

$$I_C = \beta I_B \tag{2-12}$$

且可认为 $I_E \approx I_C$,即 $I_C \gg I_B$。

三极管的电流放大作用决定于两个方面:一是它的内部结构;二是它的外加电压,发射结

应加正偏电压,集电结应加反偏电压(NPN 型)。

3)三极管的特性曲线

三极管有两个回路:一是输入回路(I_B 流通的回路);二是输出回路(I_C 流通的回路)。如图 2-21 所示。

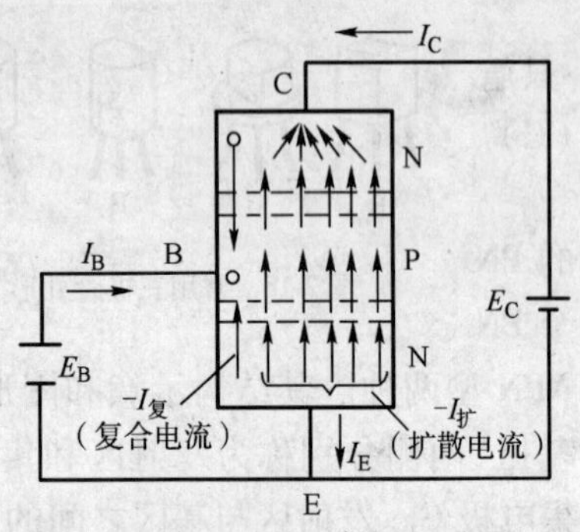

图 2-20　三极管内部载流子的运动情况

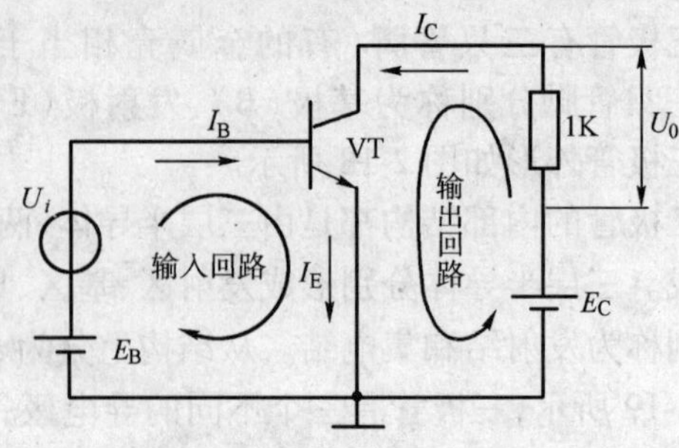

图 2-21　三极管的输入回路与输出回路

三极管各极电流与电压的关系,通常以其输入特性曲线和输出特性曲线表示。

(1)输入特性曲线

输入特性曲线是指在三极管的集、射极间所加的电压 U_{CE} 为常数时,基、射极间电压 U_{BE} 与基极电流 I_B 之间的关系曲线,如图 2-22a)所示。

(2)输出特性曲线

输出特性曲线是指基极电流 I_B 为一定值时,集电极电流 I_C 与集、射极间电压 U_{CE} 之间的关系曲线。如图 2-22b)所示。可以看出:

当 $I_B=0$ 时,$I_C \neq 0$,集电极与发射极之间存在一小电流称为穿透电流 I_{CE0}。

当 I_B 为一定值时,在 U_{CE} 为 1V 以上的区域,I_C 与 U_{CE} 基本无关,曲线接近水平,说明三极管具有恒流特性。

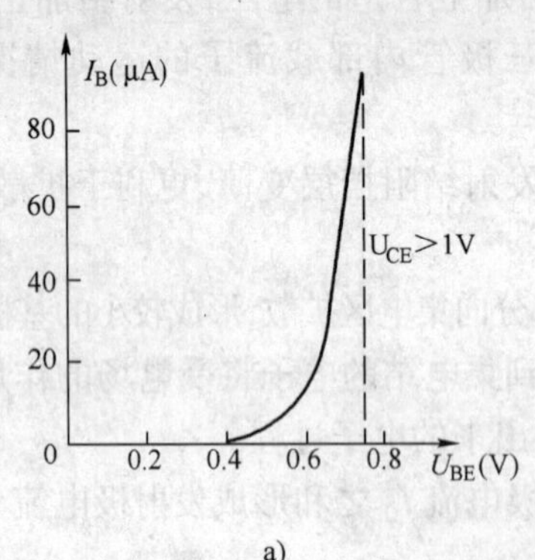

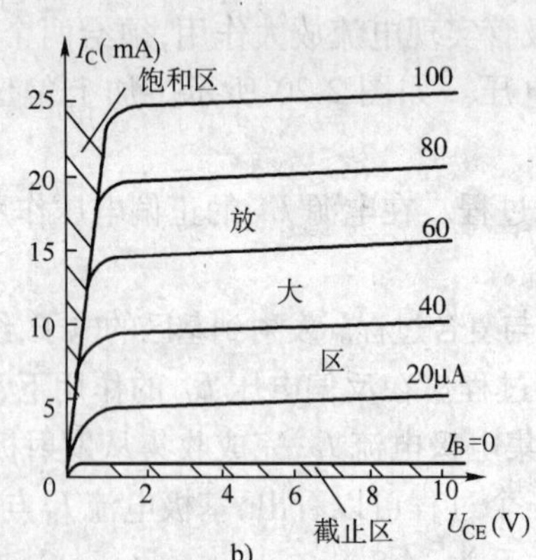

图 2-22　三极管的特性曲线

a)输入特性曲线;b)输出特性曲线

I_B 对 I_C 影响很大,I_B 有微小变化(μA 级),I_C 就有很大变化(mA 级),表明其具有电流放大能力。

根据三极管的工作状态不同,在输出特性曲线上可划分为三个工作区,即截止区、饱和区、放大区,如图 2-22b)所示。

①截止区。$I_B=0$ 时这条曲线以下的区域称为截止区。在此区域内，$I_B=0$，$I_C=I_{CEO}\approx 0$，集、射极间只有微小的反向漏电流，近似于断开状态。为使三极管可靠截止，常给发射结加上反偏电压，使 $U_{CE}<0V$，这样，发射结和集电结都处于反向偏置，三极管处于截止状态。三极管在截止状态时呈现高电阻，相当于开关打开将电路切断。也就是将处于截止状态下的三极管的发射极 E 和集电极 C 近似看成开路。

②饱和区。靠近输出曲线纵坐标轴，曲线上升部分对应的区域称为饱和区。其工作条件是集电结和发射结都加正偏电压，$I_B \geqslant I_{BS}$（基极饱和电流），集、射极之间呈低阻状态，类似于一个接通的开关。即三极管在饱和状态时呈现低电阻，相当于开关闭合将电路接通。也就是把处于饱和导通下的三极管的发射极 E 和集电极 C 近似看成短路状态。

③放大区。特性曲线的水平线段区。其工作条件是集电结加反偏电压，发射结加正偏电压。特点是 $I_C=\beta I_B$，I_B 一定时，I_C 呈恒流状态，相当于一个受基极控制的恒流源。

4）三极管的主要参数

（1）电流放大系数

电流放大系数 β 表示三极管的电流放大能力。常用小功率管的 β 值在 50～200 之间，大功率管的 β 值一般较小。电流放大系数 β 太小的三极管放大能力差；而电流放大系数 β 太大的三极管则热稳定性较差。

（2）极间反向电流

极间反向电流包括集、基间反向饱和电流 I_{CBO} 和穿透电流 I_{CEO}。

①集、基间反向饱和电流 I_{CBO} 指发射极开路时，集电结在反向偏置作用下，集、基间的反向漏电流。它受温度影响很大，它越小管子越好。

②穿透电流 I_{CEO} 指基极开路时，流经集电极和发射极的电流。它的大小等于反向饱和电流 I_{CBO} 的 $1+\beta$ 倍，同样受温度影响很大，它越小则管子的稳定性越好。

4. IC（集成电路）

在某一块基板上，把从元件到配线都集中在一起制作成电路，该电路本身已经集约成一个元件，称为 IC（集成电路）。

1）IC 的分类

（1）根据制造方法不同，将 IC 分为以下两种。

①单片 IC。一般使用的 IC 是单片 IC，在芯片上装有三极管、二极管和电阻等，使之构成功能电路，如图 2-23 所示。

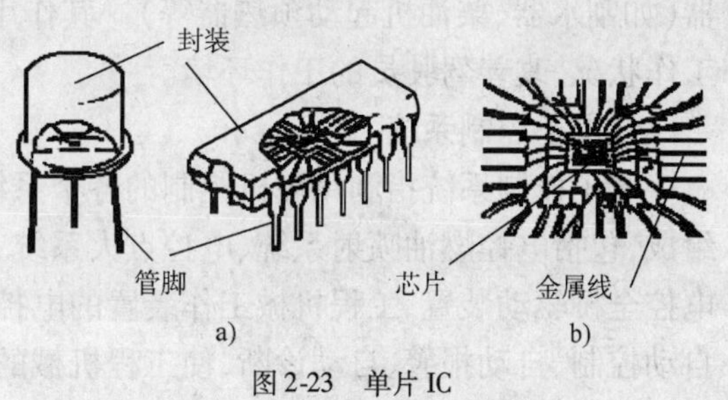

图 2-23　单片 IC

a）IC 外观；b）IC 内部

②混合 IC。把裸露的三极管、二极管和电阻（把它叫做芯片元件）等并行地配线在一块印刷板上，其主要特点在于可按用户的订货要求进行小批量生产。

（2）根据信号不同，将 IC 分为线性（模拟）IC、数字 IC。

（3）根据 IC 的集成度（附在一块芯片上的晶体管元件的数量）分类的情况如下表 2-1 所示。

IC 集成度分类　　表 2-1

分　类	SSI（小规模集成电路）	MSI（中规模集成电路）	LSI（大规模集成电路）	VLSI（超大规模集成电路）
集成度（平均一块芯片有晶体管元件数量）	100 个以下	100～1 000 个	1 000 个以上	100 000 个以上

2) IC的形状

如图2-24所示，根据保护IC芯片的封装不同而有各式各样的形状。一般来说，使用较多的是DIP（双列直插式封装）。DIP中又分为塑料封装型和陶瓷密封型两种。除此之外，也有使用扁平封装的。在线性IC中，还经常使用放入金属壳内的TO形状。而在混合IC中，一般都采用SIP（单列直插式封装）。

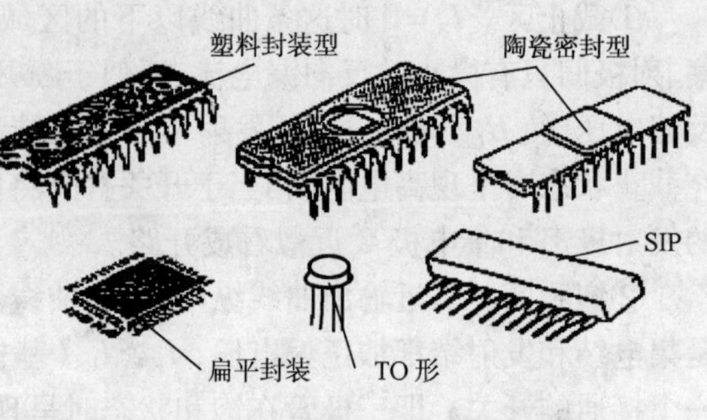

图2-24　不同封装的IC芯片形状

第二节　工程机械电气系统基本组成

一、组　成

现代工程机械电气与电子控制装置的种类，按其作用大致可分为以下几个主要部分。

1. 电源系统

电源系统由蓄电池、发电机与调节器及相关线路组成，其作用是向整机提供稳定的低压直流电能。

2. 起动系统

起动系统由起动机、起动继电器及相关线路组成，其作用是起动发动机。

3. 用电设备

用电设备主要由照明系统、信号系统、仪表系统、报警装置、空调系统等组成，包括辅助电器（如刮水器、柴油机起动预热器等）。其作用是为机械行驶及作业提供照明、指示信号、显示工作状况，改善驾驶员的工作环境。

4. 电子控制系统

电子控制系统指利用微机控制的各个系统，主要由计算机、传感器、执行元件及控制线路组成，包括电控燃油喷射系统、电控点火系统、轮式机械电控自动变速器、电控动力转向装置、电控全桥驱动装置、工程机械工作装置的电控等。其作用是对发动机、底盘、工作装置等进行自动控制、自动报警、自动诊断，使工程机械的各个系统均处于最佳工作状态，达到提高工程机械动力性、经济性、安全性、舒适性，降低排放污染等目的。

二、工程机械电气与电子控制装置的特点

工程机械与普通的电气设备相比有以下的特点。

1. 采用低压电源

工程机械电气系统的额定电压一般有12V和24V两种。目前，柴油机普遍采用24V电源，汽油机采用12V电源。有的工程机械上存在两种电压系统，以供不同的需求，如起动机采用24V系统，一般电气设备采用12V系统。

2. 采用直流电

工程机械发动机是靠电力起动机起动的，它是直流串联式电动机，必须由铅蓄电池供电，

而向铅蓄电池充电又必须用直流电，所以工程机械上采用直流电。

3. 采用并联连接

工程机械上的主要电气设备采用并联连接方式，防止各主要电气之间一旦出现故障而造成相互影响，以避免大量电气设备的无法使用。

4. 采用单线制

普通的电气系统必须用两条导线，一根为正极线，另一根为负极线，这样才能构成回路，使用电设备能够正常用电。而工程机械电气设备采用并联连接方式，从理论上讲，需要有一根公共的正极线和一根公共的负极线，而工程机械的车架、底盘和发动机是由金属制造的，具有良好的导电性能，因此用工程机械的金属机体作为一条公共导线，可节约导线，使电路简单，安装维修方便。此时，电源与电气设备之间只有一根导线相连，即为单线制。因此现代工程机械基本上采用单线制。

5. 负极搭铁

由于工程机械采用单线制，所以电气系统的两根线路当中的一根必须用工程机械的金属机体来代替。在接线时，电源的一极或用电设备的一极要与金属机体相连，这样的连接称为搭铁。根据国家标准规定工程机械电气系统必须采用负极搭铁，而国外一般也采用此制式。

三、使用维护时的注意事项

(1)读懂线路原理图。原理图是电气系统各元器件工作时的相互关系图，只有读懂原理图，才能了解系统的功能及发生故障时的影响，从而正确、快速地对故障现象做出判断，避免盲目大拆大卸，节约维修时间。

(2)维修时，为了将导线和插接件断开，应先切断电源总开关。否则，将会导致线束损坏、熔断器熔断，有时甚至会因导线短路引起火灾。

(3)正确连接插接件。在连接插接件时，应仔细观察插接件的连接配对。插接件插错会引起无法预料的故障，甚至引起火灾。断开插接件时，必须先断开负载，应抓住插接件本身并按住插接件的锁扣往两个方向分开，不能抓住导线硬拔。连接插接件时，要观察锁扣是否扣合。在检修防水插接件时，须特别注意不能让油、水等进入插接件内部。否则，必须清洗并烘干后才能重新连接。

(4)发现导线或线束磨损时，应用绝缘胶带重新包扎后再捆扎或更换。同时，应使线束避免硬折、硬弯。尽量远离其他运动部件，防止拉断与磨损。尽量远离油、水及发动机机体等高温部位。避免与锋利的金属棱角发生摩擦。

(5)正确使用熔断器。应使用相同规格的熔断器进行更换，不允许采用铜丝作应急处理。各类熔断器必须严格符合标准规定。价格低廉的伪劣熔断器不但不能起保护作用，反而可能会引起线路甚至整机烧毁。

(6)蓄电池的电解液是一种强酸，对人的皮肤、眼睛有很大的危害，一旦接触后应立即用大量清水清洗，严重时应及时到医院诊治。

(7)工程机械内高温高压液体或气体会造成严重的人身伤害。因此，在进行各类传感器与压力开关等的拆卸之前，应确认整机已熄火，并且发动机、变速器已充分冷却，不会有高压的液体或气体从接口喷出，必要时应佩戴防护眼镜与手套。

(8)在工程机械上进行电焊维修，为避免电气部件可能遭受的损坏，应将整机停在水平地面上,关闭电锁,将发动机熄火,拉起停车制动,并断开蓄电池电源总开关。在焊接前断开控制单元的线束插接件。不能使用整机上电气部件的接地点作为焊机的接地点。

第三节 工程机械起动系统与电源系统

一、工程机械电路总线

1. 导线

1)导线颜色与标注

导线颜色有单色和双色之分。电路图中单色线一般用一个英文字母表示,双色线用两个英文字母表示(主色+辅色),且不同国家的规定也不尽一致。我国各种颜色的代号如表2-2所示,一般电气线路各系统主色的选择如表2-3所示。

低压导线的颜色与代号(中国) 表2-2

导线颜色	黑	白	红	绿	黄	棕	蓝	灰	紫	橙
代号	B	W	R	G	Y	Br	Bl	Gr	V	O

一般电气线路各系统主色的选择(中国) 表2-3

系统名称	主色	系统名称	主色
电源系统	红	仪表、报警、喇叭系统	棕
点火、起动系统	白	收音机、电钟、点烟器等辅助系统	紫
雾灯系统	蓝	各种辅助电动机及电气操纵系统	灰
灯光、信号系统	绿	搭铁线	黑
车身内部照明系统	黄		

导线的标注方法是将标称截面积和颜色代号同时标出,如1.0GY表示标称截面积为1.0mm^2、主色为绿色、辅色为黄色的双色导线。

2)汽油机点火系的高压导线

高压导线的主要任务是输送高电压(一般在15kV左右),工作电压高、工作电流较小,因此高压导线的线芯截面很小、耐压性能好、绝缘层很厚。

高压导线分为铜心线和阻尼线两种,高压阻尼线能较好地抑制点火系的无线电干扰波。

2. 线束

为了方便导线安装和保护导线的绝缘层不被损坏,也能使全车繁多的导线排列有序,比较容易排查电气故障。将同路的不同规格的导线用棉纱编织或用聚氯乙烯带包扎成束,称为线束。也可将导线包裹在用塑料制成开口的软管中,检修时将开口撬开即可。

线束由导线、端子、插接器和护套等组成。端子(也称接线卡)一般由黄铜、紫铜、铝等材料制成。插接器多用于线路间的连接,它由插头与插座两部分组成,如图2-25所示。插头和插座的外表面加工有导向槽和闭锁装置,可有效地防止相互间插错和脱开。不同插接器插接脚的形状、数量、布局也不一样。

线束安装时的注意事项：

(1)线束应用卡簧或绊钉固定，以免松动磨损。

(2)线束不可拉得太紧，在绕过锐角或穿过金属孔时，应用橡皮或套管保护，否则容易磨坏线束而发生短路和搭铁故障。

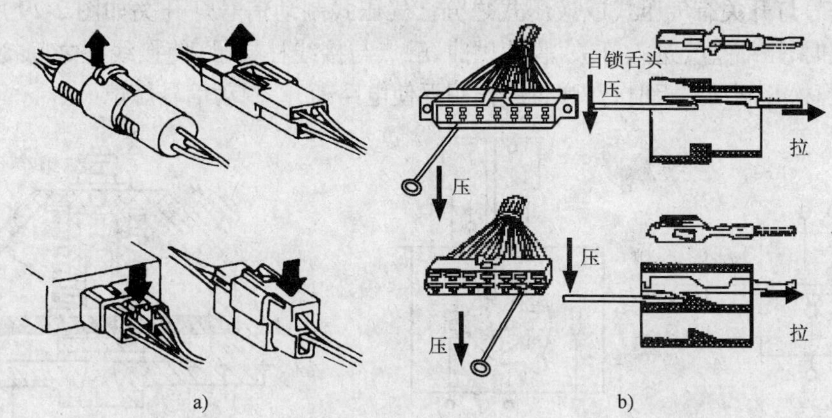

图2-25　插接器

a)拔开插接器方法；b)取出插接器端子方法

(3)各接头必须结实紧固，接触良好。

(4)连接电气时，应根据插接器的规格以及导线的颜色或接头处套管的颜色，分别接在各电气上。

3. 常用开关及保险装置

1)灯光开关

灯光开关用来控制照明电路，常用的有推拉式和翘板式两种结构形式，分别如图2-26和图2-27所示。

推拉式开关有5个接线柱，并装有双金属式电路断电器。推拉式开关在“0”挡时，各灯线路均未接通，因而各灯均不亮；拉到“I”挡时，小灯和后灯、仪表灯亮；全拉出到“II”挡时小灯灭，前照灯亮，其他灯光仍亮。制动信号灯不受开关的控制，只要踏下制动踏板，制动信号灯立即发亮。

翘板式开关常用作前照灯开关、顶灯开关、危险信号灯开关等，一般带有指示板照明灯，指示板上有表示用途的图形符号。

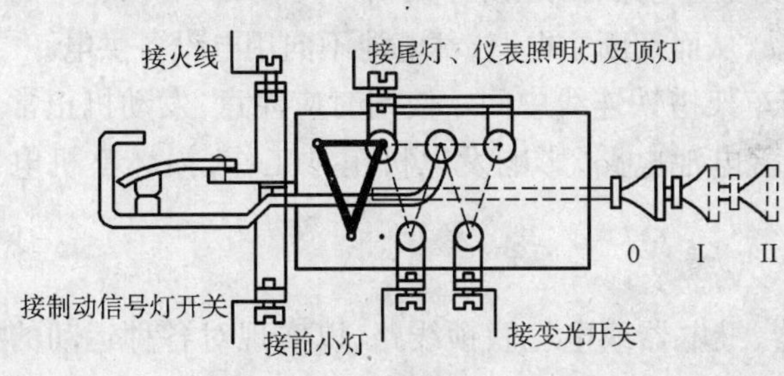

图2-26　推拉式开关

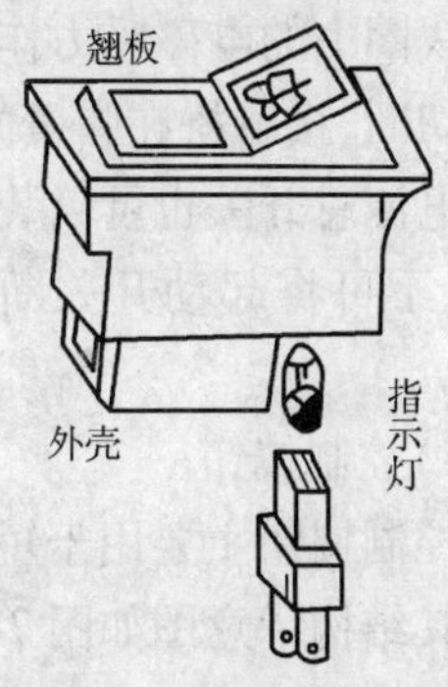

图2-27　翘板式开关

2)前照灯变光开关

前照灯变光开关的作用是用来变换前照灯远光和近光的,一般为机械式开关。常用的有推拉式、脚踏式和板柄旋转式,其中推拉式和脚踏式灯光开关结构简图如图 2-28 所示。

3)制动信号灯开关

制动信号灯开关有气压式或液压式之分。气压式制动信号灯开关如图 2-29 所示。当踏下制动踏板时,压缩空气进入开关,膜片拱曲,触点与接线柱接触,使接线柱之间接通,制动信号灯发光;当松开制动踏板时,在弹簧的作用下使电路断开,制动信号灯熄灭。

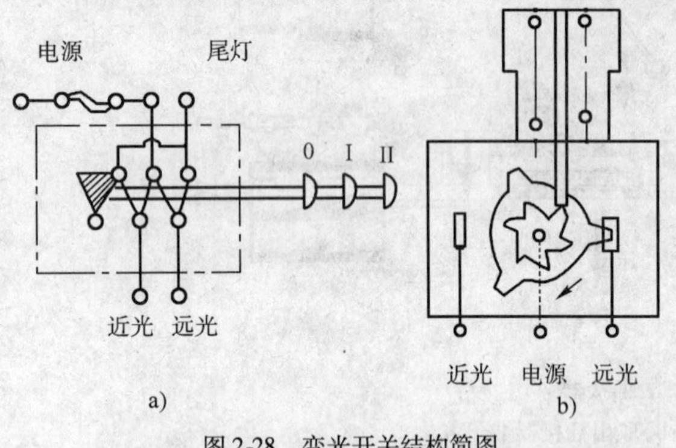

图 2-28 变光开关结构简图

a)推拉式;b)脚踏式

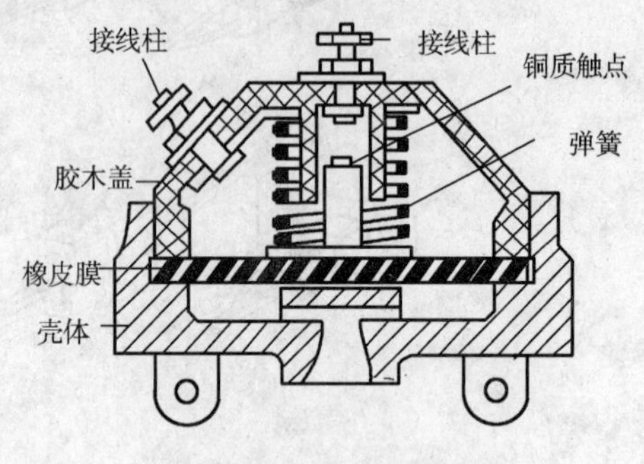

图 2-29 气压制动信号灯开关

液压式制动信号灯开关如图 2-30 所示,其工作原理与气压式基本相同,不同之处是靠制动系统的油液压力变化而接通或切断制动灯电路的。

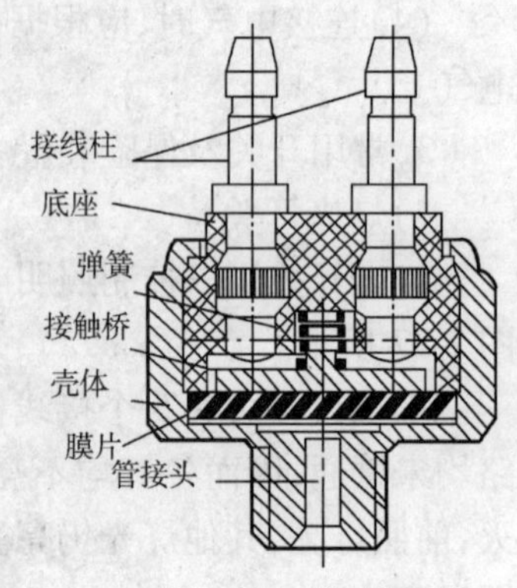

图 2-30 液压式制动信号灯开关

4)电源总开关

电源总开关的作用是在工程机械停驶时切断总电源,以防止蓄电池通过外电路自行漏电,确保电路系统的安全。常用的有手动闸刀式和电磁式两种。其中电磁式的 TKL-20 型电源总开关(也称蓄电池继电器)的结构如图 2-31 所示,它由铁芯、钢柱、接触桥、触点和线圈 1、2 等组成。

电源总开关的接通或断开是通过起动开关(不同于起动按钮)操纵的。当起动开关接通电路时,电流由蓄电池正极→蓄电池开关接线柱 B→熔断丝→起动开关→线圈 1→触点→搭铁→蓄电池负极形成回路。接触桥在线圈 1 的电磁吸力作用下向下移动,接通主电路;当起动开关断开时,线圈 1 和 2 中的电流被切断,接触桥在弹簧的作用下向上移动,从而切断主电路,蓄电池不向用电设备供电。

电源总开关也可以装在蓄电池负极与车架搭铁连线中间。使用时应注意,发动机正常运转后,不可将起动开关断开,否则将切断蓄电池电路,影响发电机正常工作,损坏整机电子设备。

5)控制按钮

控制按钮主要用于短时间操纵接触器、继电器或电气联锁线路,以实现对各种运动的控制。其结构示意图如图 2-32 所示,在常态(未加外力)时,静触点 1、2 与桥式动触点闭合,称为常闭触点,静触点 3、4 与桥式动触点断开,称为常开触点。

4. 电路图的表达形式和识读

工程机械电路总线，一般包括基本车辆电气系统和工作装置的电控系统两大部分。基本车辆电气系统包括有充电系、起动系、照明及仪表、辅助装置等；工作装置的电子控制系统有电子油门控制系统、自动找平电控系统（摊铺机、平地机等工程机械上采用）等。工程机械电路总线图就是将机械的电路总线（不同用途的用电气通过开关、导线、熔断器以及电子控制装置与电源连接起来所构成的电气系统）用图形表达的一种方式，简称电路图。

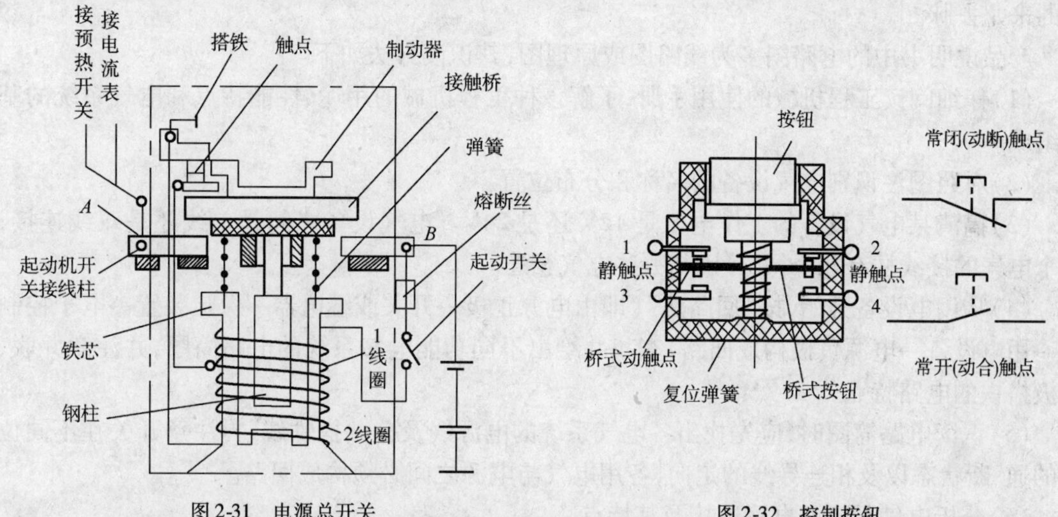

图 2-31　电源总开关

图 2-32　控制按钮

由于文字、技术标准等差异，各工程机械生产厂家在电路图的绘制、符号标注等方面不尽相同。因此，了解各种电路图的特点和阅读方法非常重要。

1）电路图的表达形式

（1）线路图：线路图是将所有工程机械电气按整机上的实际位置，用相应的外形简图或原理简图画出来，并用线条一一连接起来。由于工程机械电气的实际位置及外形与线路图图中所示方位相符，且较为直观，便于循线跟踪地查找导线的分支和节点。但由于线路图束密集、纵横交错，图的可读性较差，电路分析过程相对较为复杂。

（2）原理图：电路原理图是按规定的图形符号，把仪表及各种电气设备按电路原理由上到下合理地连接起来，然后再进行横向排列形成的电路图。它可以是子系统的电路原理图，也可以是整车电路原理图。这种画法对线路图作了高度简化，图面清晰，电路简单明了，通俗易懂，电气连接控制关系清楚，因此对分析系统的工作原理、进行故障诊断非常有利。

（3）线束图：线束图是指能反映走向和有关导线颜色、接线柱编号等内容的线路图。在这种画成树枝样的图上，着重标明各导线的序号和连接的电气设备名称及接线柱的名称、各插接器插头和插座的序号。安装操作人员只要将导线或插接器的电气按图上标明的序号，连接到相应的电气接线柱或插接器上，便完成全车线路的装接，这种图给安装和维修带来极大的方便。该图的特点是不说明线路的走向和原理，线路简单。

（4）系统电路图：是将单个电气系统按功能特点，只画出与该电气系统有关联的电气元件间连接关系的电路图。

2）电路图中各种电气元件（或部件）的表示方法

（1）用国家标准符号表示。

（2）用厂方规定的符号表示。

（3）用各种电气的简易外形图表示。

3)电路图的识读

要研究全车线路,首先应识读工程机械的电路原理图。识读电路原理图必须熟悉电气设备的图形符号,弄清电气设备和控制电路的工作原理(即电流走向随着工作状态的变化等)及有关电路所需通过的控制开关、熔断器、插接器等。然后根据线路图分清电气设备和它们在工程机械上的实际位置,根据线束图和系统电路图辨别出电气元件各接线柱的作用和线束接线柱的来龙去脉。

产品说明书中的电路图多为线路图或原理图,其识读方法如下。

(1)仔细阅读工程机械的使用手册,了解该种工程机械的用途、性能特点和电气系统的基本组成。

(2)对照图注识别电气设备的名称和分布位置。

(3)搞清某电气设备的工作电压是12V还是24V。电气设备之间是单线还是双线连接,某个电气的接线柱有几个,并分别与哪些电气相连。

(4)从用电设备开始,按"回路法"(即由电源正极→开关或继电器→保险装置→电子控制器→用电设备→电源负极构成回路)查找并绘出不同功能电气系统的电路简图,并注意并联、负极搭铁的电路特点。

(5)识读电路简图时,应先找出各电气系统的电源线及公共搭铁线,再注意开关在不同位置的通、断状态以及相连导线的走向,各用电气与电源之间必须构成回路。

(6)分析电气系统的电路连接及其特点。

二、工程机械电源系统

为了能安全和舒适的驾驶,工程机械装有许多电气装置。工程机械不但在行驶时要用电,停车时也用电。因此工程机械电源系统有蓄电池、发电机两个电源。发电机通过发动机运行来发电。

工程机械电源系统主要包括:发电机、调节器(装在发电机内)、蓄电池、放电警告灯等。

蓄电池、发电机与工程机械用电设备都是并联的。起动时,蓄电池向起动机供电;在发动机正常工作时,发电机向用电设备供电和向蓄电池充电;放电警告灯用来指示蓄电池的充放电状况;调节器的作用是使发电机在转速变化时,能保持其输出电压恒定。

1.蓄电池

蓄电池是一种储存电能的装置。一旦连接外部负载或接通充电电路,它便开始能量转换过程,在放电过程中,蓄电池中的化学能转变成电能。在充电过程中,电能被转变成化学能。

蓄电池的主要用途为:①在起动发动机期间,它为起动系统和其他电气设备供电;②当发动机停止运转或低怠速运转的时候,由它给工程机械用电设备供电;③当出现用电需求超过发电机供电能力时,蓄电池也参加供电;④蓄电池起到整机电气系统的电压稳定器的作用,能够缓和电气系统中的冲击电压,保护工程机械上的电子设备;⑤在发电机正常工作时,蓄电池将发电机发出多余的电能存储起来——充电。

目前工程机械上常用的蓄电池有:普通蓄电池、免维护蓄电池等。

电解液是蓄电池内部发生化学反应的主要物质,由化学纯净硫酸和蒸馏水按一定的比例配制而成。蓄电池电解液的密度一般为1.24~1.30g/cm^3,使用中密度应根据地区,气候条件和制造厂的要求而定。蓄电池电解液液位应在高位线与低位线之间。如果低于高位线与低位线之间中部位置,应拆下盖子,添加蒸馏水至高位线位置。

免维护蓄电池的工作状态可通过蓄电池上表面的电眼指示器来判断(见图2-33)。根据电眼指示器呈现的不同颜色来显示免维护蓄电池荷电状况,提示是否需要进行充电或加蒸馏水。

蓄电池的电量是有限的,不具备长期给工程机械电气设备供电的能力。因此,每台工程机械设备一般都配备有交流发电机。

2. 交流发电机

发电机是充电系统的主要设备(图2-34),也是工程机械的主要电源。其功用是在发动机怠速转速以上运转时,向除起动机以外的所有用电设备供电,同时还向蓄电池充电。

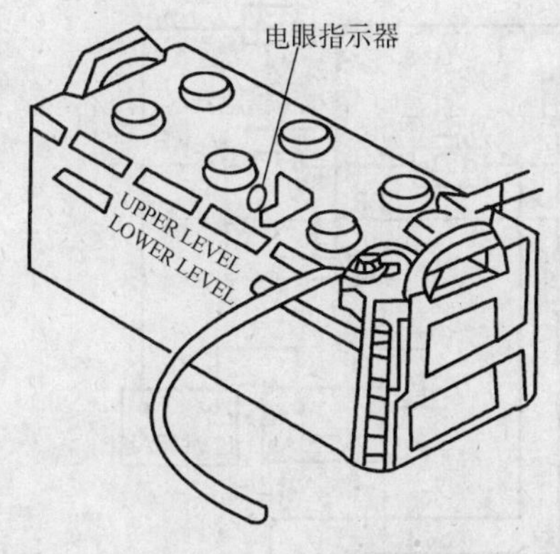

图2-33 检查蓄电池状态

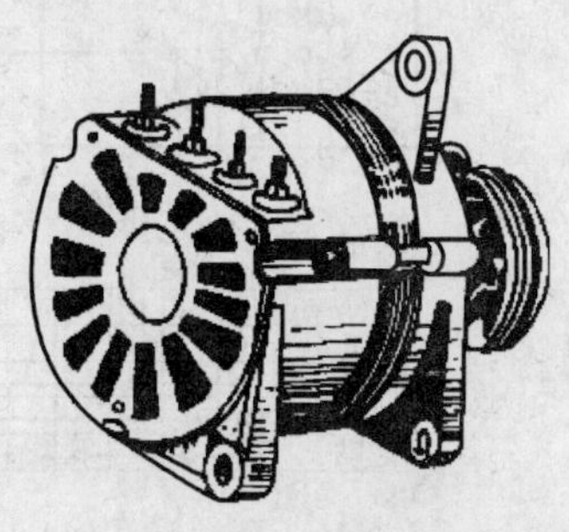

图2-34 发电机外形

磁铁在线圈中旋转时,在线圈中将产生电流(电动势)。发动机带动交流发电机电磁化的转子旋转,在定子线圈中产生交流电流。此时产生的电流为大小和方向都不断变化的三相交流电流。将交流电变成直流电的过程称为整流。交流发电机常用二极管整流法。交流发电机产生的交流电经过整流器变成直流电输出。

经整流而得到的直流电还需要利用调节器来调节发电机的电压,在发电机转速或负载发生变化时保持电压稳定。

发电机前端为皮带轮,上面安装传动带;后端有接线柱,一般有4个接线柱,每个接线柱的符号及其含义见表2-4。

接线柱的符号及其含义 表2-4

符　号	B(+)	F	N	—
含义	发电电压	励磁电路	中性点	搭铁

3. 工程机械典型机型充电电路识读

DH220型挖掘机充电电路如图2-35所示,由蓄电池、蓄电池继电器、整体式发电机、起动开关、断路器、熔断丝、熔断丝盒等组成。其特点是:

(1)采用两个12V、150A·h型蓄电池串联而成24V,由蓄电池继电器(电源总开关)控制蓄电池的充、放电路的通断,而蓄电池继电器又受起动开关的控制,停车时可防止蓄电池的漏电。

(2)整体式发电机采用带相抽头的九管硅整流发电机(定子绕组为三角形连接),内置调节器。

(3)起动开关处于“ON”位置时,蓄电池经蓄电池继电器、10A 熔断丝、电源开关、断路器、二极管、发电机 D_+ 接线柱,向发电机的励磁绕组提供励磁电流;发电机开始发电后,通过发电机的 BAT(B_+)接线柱、断路器、蓄电池继电器,向蓄电池充电。同时,发电机通过熔断器向其他电气系统供电。发电机发出的电压过高(超过限定值)时,通过发电机的 I(D_+)接线柱、二极管向蓄电池继电器线圈供电。

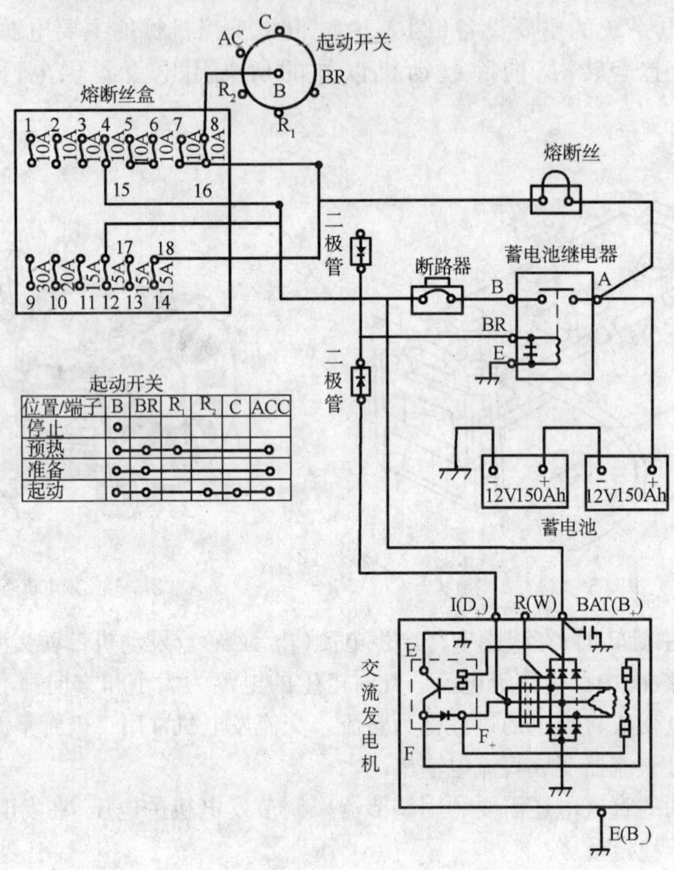

图 2-35 挖掘机的充电电路

(4)起动开关在“OFF”位置时,通过蓄电池、蓄电池继电器、熔断丝向室内灯、燃油泵、起动开关 B 端子及空调控制盘供电。

(5)蓄电池继电器的工作电流走向为:蓄电池、熔断丝、起动开关 B 端子、BR 端子、蓄电池继电器 BR 端子,使继电器线圈励磁,继电器触点闭合。蓄电池继电器触点闭合时,所有电气装置都可动作。

三、工程机械起动系统

1. 起动系的作用

起动系的作用是产生起动转矩,带动发动机曲轴由静止转变为自行运转状态;当发动机进入自行运转状态后,便立即停止工作。电力起动是由直流电动机通过传动机构将发动机起动的,它具有操纵轻便、起动迅速可靠、重复起动能力强等优点,被现代工程机械发动机所广泛采用。常见发动机最低起动转速如表 2-5 所示。

常见发动机最低起动转速 表 2-5

发动机类别		发动机最低起动转速(r/min)	起动机稳态起动电流(A)	起动机制动电流(A)
汽油机		50～70	120～150	400～600
柴油机	直喷式	100～150		
	分隔式	100～250	250～400	700

2. 起动系的组成

电力起动系统简称起动系,它由蓄电池、起动机、起动开关、起动继电器等组成。

起动电动机(简称起动机)是将电能转变为机械能的电气元件。起动机的接线柱有两个正极,如图 2-36 所示。A 是蓄电池正极引线,B 是起动开关接线。

起动机一般由直流串励式电动机、传动机构和操纵机构三大部分组成。

直流串励式电动机的作用是将蓄电池输入的电能转换为机械能,产生电磁转矩。

传动机构的作用是在发动机起动时使起动机的驱动齿轮啮入飞轮齿圈,将起动机的电磁转矩传递给发动机曲轴,在发动机起动后又能使起动机的驱动小齿轮与飞轮齿圈自动脱开。传动机构由单向离合器和拨叉等组成。单向离合器的作用是在起动时将电动机的转矩传给发动机飞轮,而在起动后自动打滑,保护起动机电枢不致飞散。常用的单向离合器按结构不同分为滚柱式、弹簧式、摩擦片式 3 种。

操纵机构(又称电磁开关)的作用是接通或切断起动机与蓄电池之间的主电路,并产生驱动拨叉的电磁力。起动机主电路的控制靠电磁开关实现的操纵机构称为电磁操纵式,如图 2-37 所示。电磁开关由吸拉线圈、保持线圈、活动铁芯、固定铁芯、主开关接触盘、接线柱、拨叉连杆、铁芯及复位弹簧组成。其中吸拉线圈与电动机串联,保持线圈与电动机并联,活动铁芯可拉拨叉运动又可推主开关接触盘移动。

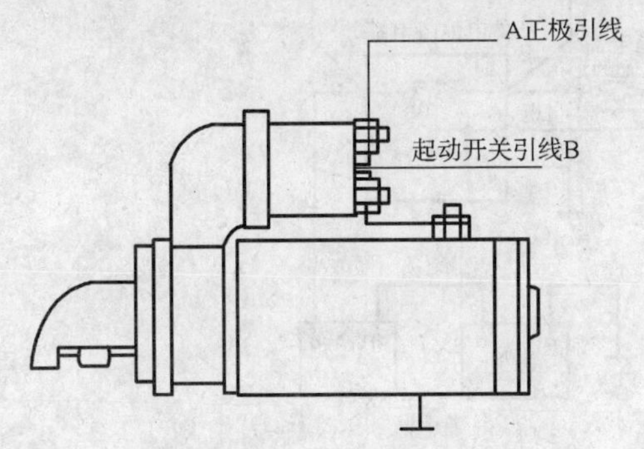

图 2-36 起动机示意图

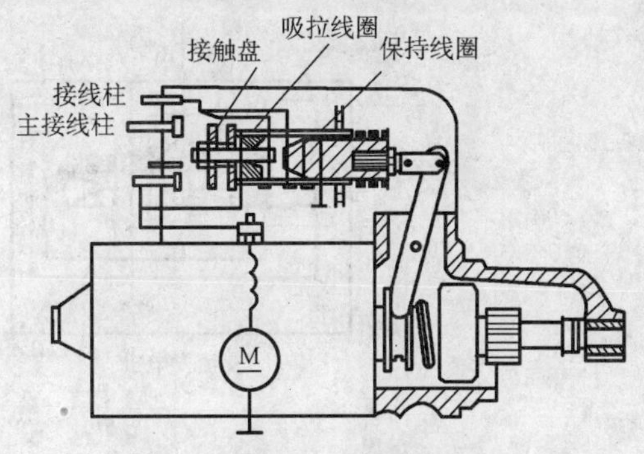

图 2-37 电磁操纵式起动机示意图

3. 起动电路识读

DH220 型挖掘机起动电路如图 2-38 所示。

安装起动继电器的目的是减小通过起动开关的电流,防止起动开关烧损。起动继电器有四个接线柱分别标有起动机、蓄电池、搭铁和起动开关,起动开关与搭铁柱之间是继电器的电磁线圈,起动机和蓄电池接线柱之间是继电器的触点。接线时,起动开关接线柱接起动开关的起动挡,电池接线柱接电源,搭铁接线柱经起动控制器搭铁,起动机接线柱接起动机电磁开关上起动机接线柱。

1)起动时的动作

发动机起动时，起动开关旋至“起动”位置接通时，起动控制器的端子 S 和 E 连通，起动继电器线圈通电，使起动继电器的常开触点闭合。电源的电流经继电器的触点通往起动机电磁开关的起动机接线柱。接通起动机电磁开关电路后，便控制起动机进入工作状态。起动期间流经起动开关起动挡和继电器线圈的电流较小，大电流经过起动继电器开关流入起动机，保护起动开关。这时电流回路走向为：蓄电池正极→熔断丝→起动开关 B 端子→起动开关 C 端子→起动继电器 C 端子→起动继电器线圈→起动继电器 D 端子→起动控制器 S 端子→三极管导通→起动控制器 E 端子→搭铁→蓄电池负极，起动继电器的触点闭合，起动继电器的端子 B 和 PP 连通，起动机电磁开关通电，推动起动机的小齿轮与发动机的飞轮环形齿轮（内齿圈）接触，使起动机主电路接通。主电路的电流走向为：蓄电池→蓄电池继电器 B 端子→起动机 B 端子→起动机 E 端子→搭铁→蓄电池负极，起动机带动发动机运转。

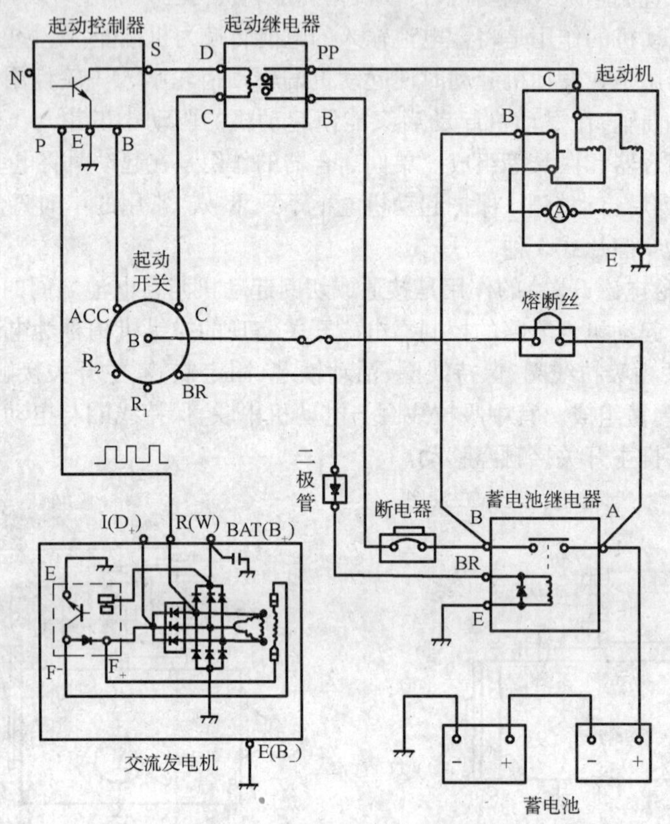

图 2-38　挖掘机的起动电路

2）起动后的动作

发动机起动后，松开起动开关，钥匙自动返回，起动继电器触点打开，切断起动机电磁开关回路，电磁开关复位，起动机停止工作。

发动机起动后，发电机转动并发电。发电机发电时，R 端子上输出矩形脉冲电压，输出的脉冲电压的频率与转速成正比。起动控制器测量该脉冲电压的频率，输入与发动机转速 500r/min 相对应的频率，起动控制器三极管截止，切断 S 端子和 E 端子的连接，起动继电器的端子 B 和 PP 断开，起动继电器线圈不能通电，起动机电磁开关不能动作，起动机自动停止动作，避免了发动机在运行中使起动机的驱动齿轮进入与飞轮齿圈的啮合而产生的冲击，起到了保护作用。发电机转动并发电时，即使误将起动开关置于“起动”位置，起动机也不能动作，可防止起动机受损伤。

有的工程机械起动继电器线圈通过控制器与防盗系统通讯，控制搭铁。发动机合法起动时，防盗系统发出起动信号后，继电器线圈才能搭铁，如果防盗系统没有收到起动信号，则继电器线圈中无电流，起动机就不能工作，实现了防盗功能。

四、工程机械照明与信号装置

为确保工程机械的驾驶安全及正常作业要求，减少交通事故和机械事故的发生，车辆上都必须安装照明设备和灯光信号装置。

1. 照明电路

照明电路的基本组成主要有照明装置、电源、控制开关、连接导线等 4 个部分。而照明装置按其作用可分为外部照明装置、内部照明装置两大类。

外部照明装置（简称外照灯）包括前照灯、雾灯、牌照灯等；内部照明装置包括顶灯、仪表灯、工作灯等。

前照灯：俗称大灯，装在汽车头部的两侧，用于夜间或光线昏暗路面上车辆行驶时的照明。

雾灯：安装在车头和车尾，位置比前照灯稍低。装于车头的雾灯称为前雾灯，车尾的雾灯称为后雾灯。光色为黄色或橙色（黄色光波较长，透雾性能好）。用于在有雾、下雪、暴雨或尘埃等恶劣条件下改善道路照明情况。

示宽灯与尾灯：这两种都是低强度灯，用于夜间给其他车辆指示车辆位置与宽度。位于前方的称为示宽灯，位于后方的称为尾灯。

制动灯：安装在车辆尾部，通知后面车辆该车正在制动，以避免后面车辆与其后部碰撞。

转向信号灯：安装在车辆两端以及前翼子板上，向前后左右车辆表明操作人员正在转弯或改换车道。转向信号灯每分钟闪烁 60 ~ 120 次。

危险警告灯：车辆紧急停车或驻车时，危险警告灯给前后左右车辆显示车辆位置。转向信号灯一起同时闪烁时，即作危险警告灯用。

倒车灯：安装于车辆尾部，给操作人员提供额外照明，使其能在夜间倒车时看清车的后面，也警告后面车辆，该车辆操作人员想要倒车或正在倒车。当起动开关接通变速器换至倒车挡时，倒车灯点亮。

目前，多将前照灯、雾灯、示宽灯等组合起来，称为组合前灯；将尾灯、后转向信号灯、制动灯、倒车灯等组合起来称为组合后灯。

仪表灯：用于夜间照亮仪表盘，使操作人员能迅速容易地看清仪表。尾灯点亮时，仪表灯也同时点亮。

顶灯：用于车内乘客照明，但必须不致使操作人员炫目。

对于轮式工程机械，以上装置中前照灯、示宽灯及尾灯、倒车灯、转向信号灯、制动灯等都是强制安装使用，其他灯光设备是在一定条件下强制安装或选装。

2. 照明电路识读

CA1091 沥青洒布机的照明电路如图 2-39 所示，分析其照明电路组成可从灯具、控制装置电源及连接线路 4 个方面着手。

（1）主要照明灯具有前照灯（远光灯、近光灯）、雾灯、示宽灯、仪表灯、工作灯、顶灯。

（2）控制装置主要有车灯开关、变光开关、雾灯开关、灯光继电器。

（3）电源是蓄电池和发电机。

(4)各种灯具的连接线路。

3. 转向灯电路

工程机械转弯时，在车辆四角的转向灯发出闪烁的转向信号，也可在危险和遇有紧急情况时，与信号系统配合，发出声光报警信号。转向灯一般发出橙色光，后转向灯也可为红色。转向灯电路除电源外主要由转向信号灯（转向灯）、闪光继电器、转向指示灯、转向开关等组成。

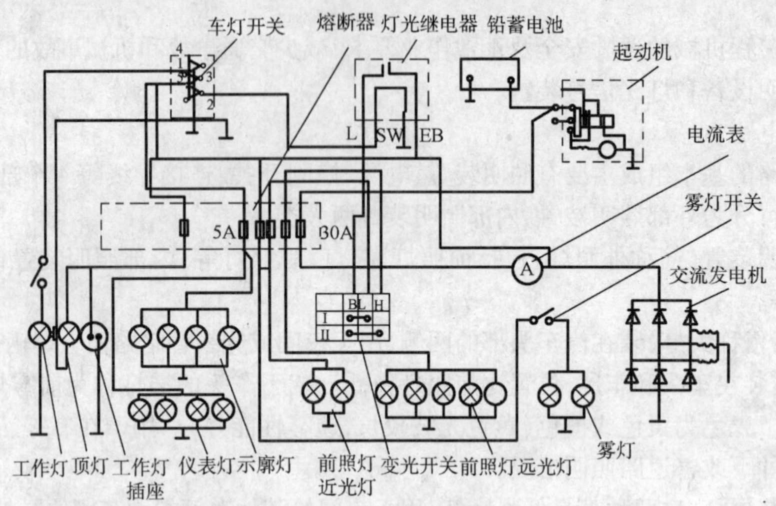

图 2-39　CA1091 沥青洒布机照明电路

五、工程机械仪表及报警系统

为正确使用工程机械并随时掌握各种工作状况，及时发现和排除潜在的故障，工程机械上装有各种测量仪表。同时现代工程机械为保证安全和可靠性安装报警装置，如机油压力过低、制动系低压、空气滤清器堵塞时发出报警信号。

工程机械仪表及报警装置一般包括温度表（如发动机水温表、发动机机油温度表、变矩器油温表等）、压力表（如发动机油压表、制动气压表、变速箱油压表等）、燃油油位表、电压表、计时器等指示仪表等。也有采用压力开关驱动报警指示灯的形式取代发动机油压表与变速箱油压表。工程机械仪表除应具有结构简单、工作可靠、耐振、抗冲击性好外，仪表的示数还必须准确指示各系统的工作情况，在电源电压波动时所引起的变化尽可能小，且不随周围温度的变化而改变。报警装置一般由传感器和红色警告灯等组成。

工程机械仪表有机械式仪表（如少数采用机械式压力表）、动磁式仪表、液晶可编程段位式仪表、液晶可编程虚拟指针式仪表、步进电机仪表等。由于动磁式仪表应用广泛，多数工程机械的温度表、压力表、燃油油位表、电压表采用动磁式仪表或动磁式组合仪表，如图 2-40 所示。部分工程机械采用液晶仪表与步进电机仪表，如图 2-41 所示。

对于动磁式仪表板总成，包括发动机水温表、变矩器油温表、燃油油位表、电压表（有的机型为电流表）、机油压力表、气压表、变速箱油压表、计时器等，它们都是单个的仪表，组合安装在一块仪表板上；而对于液晶仪表板，则只包含上述前四个仪表（均为液晶段显示且带背光），其余监控项目以报警指示灯方式来显示，包括机油压力、行车制动低气压、紧急制动低气压、变速箱油压等，位于仪表板内部的微型计算机随时监控整机的运行状况，并根据仪表传感器压力开关的输入信号完成数据的采集和数据处理，必要时驱动报警单元进行二级声光报警提醒司机。

1. 常规仪表

1)电流表

电流表串接在充电电路中,用来指示蓄电池充电或放电的电流值。因而把它做成双向的,表盘的中间为"0",两旁各有读数 20 或 30,并有"+"、"-"两个标记。发电机向蓄电池充电时,示值为"+",蓄电池向用电设备放电时,示值为"-"。电流表的接线柱是有极性的,接线时不可接错。其"-"接线柱与蓄电池组相接,"+"接线柱与发电机的火线接线柱 B("+",A 或电枢接线柱)相接。

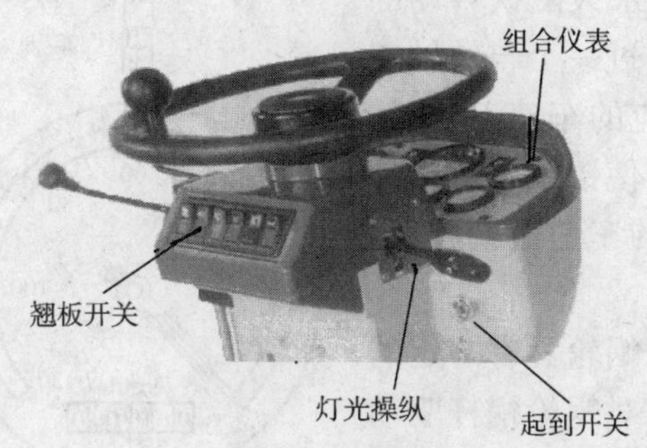

图 2-40 常规仪表盘总成

图 2-41 液晶显示仪表总成

2)水温表

水温表用来指示发动机水套中冷却水的工作温度。它由装在仪表板上的水温指示和装在发动机气缸盖上的水温传感器(俗称感温塞)两部分组成。两者用导线相连。

3)燃油表

燃油表用来指示燃油箱内储存燃油量的多少,由传感器和指示表组成。传感器均采用可变电阻式,但指示表可采用电磁式、动磁式和电热式 3 种。

燃油表传感器是一只受浮子控制的可变电阻。当油箱中燃油量较多时,浮子上升,传感器阻值减小,通过指示表电热线圈中的电流增大,双金属片弯曲变形大,带动指针指示出较多的储油量值。相反,燃油量较少时,浮子下降,传感器阻值增大,电热线圈中的电流减小,双金属片弯曲变形小,带动指针指示出较少的储油量值。

燃油表一端通过双金属片式稳压器与蓄电池正极相连;另一端与可变电阻连接。

4)机油压力表

机油压力表是用来检测发动机润滑系统的机油压力。它由装在发动机主油道上的油压传感器和仪表板上的油压指示表组成。

油压表的正常指示一般是:发动机低速运转时,压力最低不低于 150kPa;正常压力一般应在 200~400kPa;最高压力不应超过 500kPa。电热式油压表和传感器在结构上都是可以调整的。

5)电压表

在有些工程机械电源系统中装有电压表,以指示电源系统的工作情况。电压表并接在电源"+"、"-"极之间,且受起动开关控制。

6)车速里程表

车速里程表是用来指示工程机械行驶速度和累计行驶里程的仪表,它由车速表和里程表两部分组成。

图2-42所示为机械传动磁感应式车速里程表的结构图。车速里程表由变速器(或分动器)输出轴上的一套蜗轮蜗杆以及挠性软轴来驱动。车速表由与转轴固装在一起的永久磁铁、带有轴与指针的铝罩、磁屏和紧固在车速里程表外壳上的刻度盘等组成。不工作时,铝罩在游丝(盘形弹簧)的作用下,使指针位于刻度盘的零位。当工程机械行驶时,转轴带动永久磁铁旋转,永久磁铁在铝罩上引起涡流,旋转的永久磁铁磁场与铝罩的涡流磁场相互作用产生转矩,克服游丝的弹力,使铝罩朝永久磁铁转动的方式旋转,与游丝相平衡。于是铝罩带动指针转过一个与转轴转速成比例的角度,指针便在刻度盘上指示出相应的车速,车速越高,永久磁铁旋转越快,铝罩上的涡流转矩越大,使铝罩带着指针偏转的角度越大。因此,指针在刻度盘上指示的车速值就越大。反之,指示车速值则小。

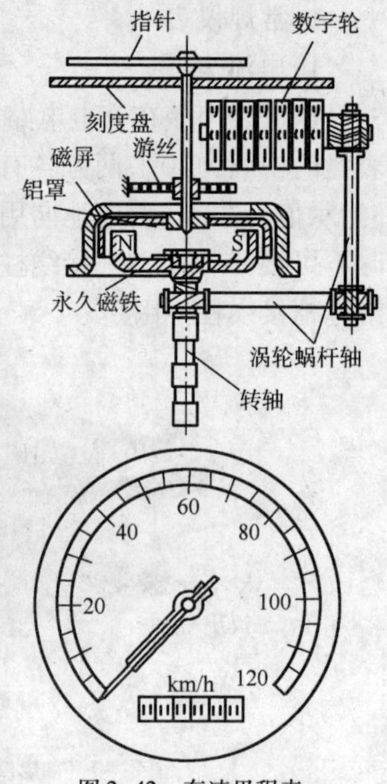

图2-42　车速里程表

里程表由蜗轮蜗杆机构和数字轮组成,蜗杆蜗轮具有一定的传动比,工程机械行驶时,软轴带动转轴,并经三对蜗轮蜗杆驱动里程表右边第一数字轮。第一数字轮上所刻数字为1/10km,两个相邻的数字轮之间,又通过本身的内齿和进位数字轮传动齿轮,形成1∶10的传动比。当第一数字轮转动一周,数字由9翻转到0时便使相邻的左边第二数字轮转动1/10周,成十进位递增。这样按十进制依次转动下去,可以累计行驶的总里程数。一般最大计数值为999 999.9km,超过此里程后,全部数字轮又从0开始重新累计。

7)发动机转速表

为了检查和调整发动机以及监视发动机的工作情况,工程机械一般都装有发动机转速表。发动机转速表有机械式和电子式两种。由于电子式转速表指示平稳、结构简单、安装方便,所以被广泛采用。

汽油发动机电子式转速表一般是用点火系的点火脉冲信号为触发信号。对于柴油发动机,则必须单独安装无触点传感器产生触发信号,也可用交流发电机的脉冲电压作为触发信号。

柴油机转速表通过转速传感器(或交流发电机的电压信号),将曲轴转动的角位移转化为脉冲信号,然后经整形放大,驱动磁电式指示仪表而指示出相应的转速。

目前柴油机广泛采用变磁阻式转速传感器,其通过螺纹固定在发动机正时齿轮室盖或飞轮壳上。工作时,传感器输出的交流信号的频率随发动机的转速而变化。

2.警报指示灯

1)机油压力报警灯

在一些工程机械上,除装有机油压力表之外,还装有机油压力警告灯。当润滑系统机油压力降低到允许限度时,警告灯即亮,以便引起操作手的注意。

图2-43为弹簧管式机油压力警告灯。它由装在发动机主油道的弹簧管式传感器和装在仪表板上的红色警告灯组成。传感器为盒形,内有一管形弹簧。管形弹簧一端经管接头与润滑系主油道相通;另一端则与动触点相接。静触点经接触片与接线柱相连。

当机油压力低于0.05~0.09MPa(0.5~1.0kgf/cm^2)时,管形弹簧变形很小,于是触点闭合,电路接通,使警告灯发亮,指出主油道机油压力过低,应及时停机维修。当机油压力超过

0.05 ~ 0.09MPa 时，管形弹簧产生的弹性变形大，使触点打开，电路切断，警告灯即熄灭，说明润滑系工作正常。

2）制动系低压报警灯

在采用气压制动的工程机械上，当制动系气压过低时，制动系低气压警告灯即发亮，以引起操作手注意。低气压报警传感器（开关）装在制动系储气筒或制动阀压缩空气输入管路中，红色警告灯装在仪表板上。

低气压报警传感器的结构如图 2-44 所示。电源接通后，当制动系储气筒内的气压下降到 340 ~ 370kPa（3.5 ~ 3.8kgf/cm^2）时，由于作用在报警传感器膜片上的压力减小，于是膜片在复位弹簧的作用下向下移动而使触点闭合，电路接通，低气压警告灯发亮。当储气筒中的气压升高到 400kPa（4.5 kgf/cm^2）以上时，由于传感器中的膜片所受的推力增大，使复位弹簧压缩，触点打开，于是电路切断，低气压警告灯熄灭。

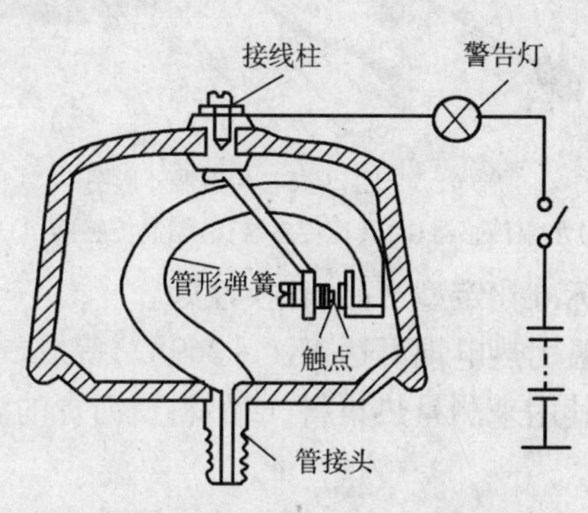

图 2-43　弹簧管式机油压力警告灯电路

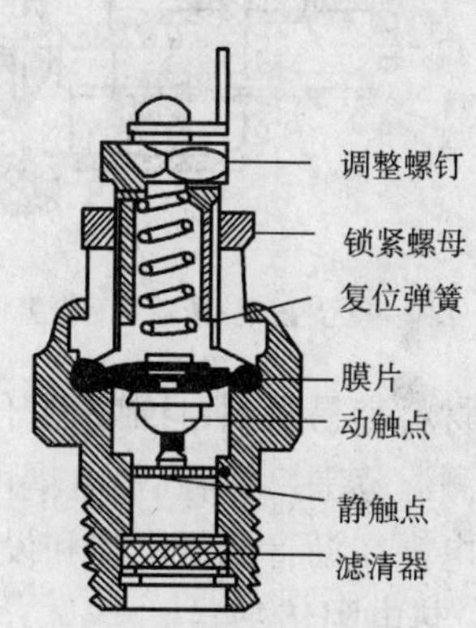

图 2-44　低气压报警传感器

因此，低气压警告灯发亮时，则说明制动系中气压过低，应予以注意。

3）空气滤清器堵塞报警灯

空气滤清器堵塞警告灯发亮，就表示空气滤清器滤芯堵塞。这时应对空气滤清器进行清洗维护或更换滤芯，否则发动机工作无力，油耗增大。

空气滤清器堵塞报警传感器，内部结构如图 2-45 所示。它主要由外壳、膜片、触点、弹簧座、导电插片等组成。外壳的前部装有感受压力差的膜片，并靠底板压固，底板上开有 3 个小孔与大气相通，外壳的后部设有通气管，通过辅气管与空气滤清器的下部相通，从而使其壳内成为一个气盒。空气滤清器堵塞时，气盒内产生真空，当其真空度达到 5kPa 时，在大气压力的作用下，膜片推动弹簧座移动，使触点闭合，点亮警告灯。

3. 传感器

与动磁式温度表、压力表、燃油表配套的温度传感器、压力传感器、燃油油位传感器都是变电阻型传感器，其外形如图 2-46 所示。

1）温度传感器

工程机械用温度传感器一般采用传热性能很好的铜外壳将负温度系数的热敏电阻封装而成。热敏电阻是用陶瓷半导体材料掺入适量氧化物在高温下烧结而成。所谓“负温度系数”就是在热敏电阻的工作范围内，当温度升高时，热敏电阻的导电率会随着温度的升高而增加，即它的电阻值随着温度的升高而减少。

（1）热电偶传感器

热电偶传感器简称热电偶,它是目前应用最广泛、也是较成熟的一种接触式温度传感器。其主要特点如下。

①较好的计量性能。其测量精度及灵敏度较高;易保证有单值的函数关系,且某些热电耦有近似的线性关系;稳定性及复现性较好,响应时间较快。

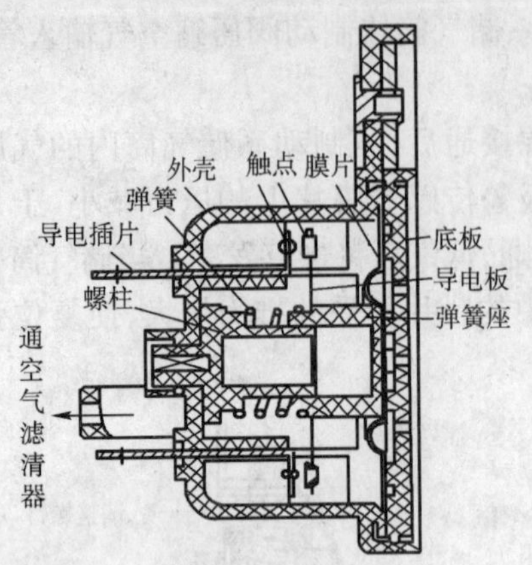

图 2-45　空气滤清器堵塞报警传感器

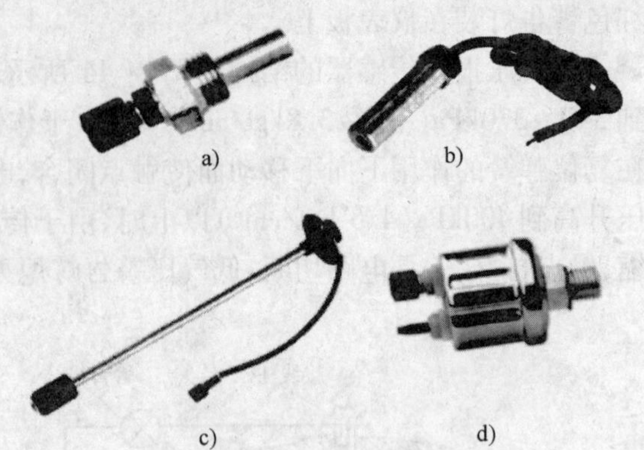

图 2-46　传感器外形图

a)水温传感器;b)转速传感器;c)燃油传感器;d)压力传感器

②材料容易得到,且制造方便,结构简单,有标准化定型产品,互换性好。

③测温范围广,高温热电耦可达 2 800℃,低温用热电耦可达 4K(-269℃)等。

热电耦在沥青混凝土拌和设备中应用较广,其用来测量热集料、成品料及沥青的温度。

(2)热电阻传感器

物质的电阻随温度变化而变化的物理现象称为热电阻效应。根据热电阻效应制成的传感器叫热电阻传感器,简称热电阻。热电阻按电阻-温度特性不同,可分为金属热电阻(一般称热电阻)和半导体热电阻(一般称热敏电阻)两大类。目前在工程机械中广泛采用热敏电阻,常用热敏电阻见图 2-47,与金属热电阻相比,有如下优点:

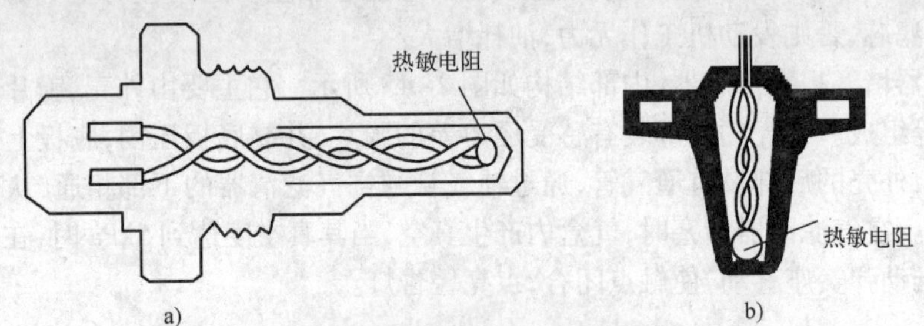

图 2-47　热敏电阻式温度传感器结构示意图

a)水温传感器;b)进气温度传感器

①电阻温度系数大,比金属大 4 ~9 倍,而且有正或负的温度系数。

②电阻率大,可以做成体积很小而电阻很大的电阻体,由于电阻数值大,连接导线电阻变化的影响可忽略。

③结构简单,体积小,可用来测量“点”的温度。

④热惯性小,使用寿命长。

在工程机械中,热敏电阻广泛用于测量发动机进气温度、冷却水温度、液压油温度及驾驶室内温度等。

2)转速传感器

转速传感器用以检测旋转体的转速。由于工程机械的行驶速度与驱动轮或其传动机构的转速成正比,测得转速便可得知车速。因此,转速传感器又广泛用来作为车速传感器使用。目前工程机械中常用的转速传感器有变磁阻(磁电)式转速传感器、光电式转速传感器、霍尔式转速传感器等。

(1)变磁阻式转速传感器

传感器的结构及原理如图 2-48 所示,其主要由线圈、永久磁铁、外壳及铁心组成,整个传感器固定不动。为了能产生感应电动势,需在被测轴上安装一导磁性材料制成的齿盘,传感器的感应端正对着齿盘的齿顶,并保持一定的径向间隙。当被测轴转动时,齿盘也随之转动,齿盘与铁芯之间的气隙发生周期性的变化,使气隙磁阻和穿过线圈的磁通量发生相应的变化,于是在线圈中便感应出交流电动势,其频率取决于齿数 Z 和转速 n(r/min),测得频率 f 后便可计算出转速 n。

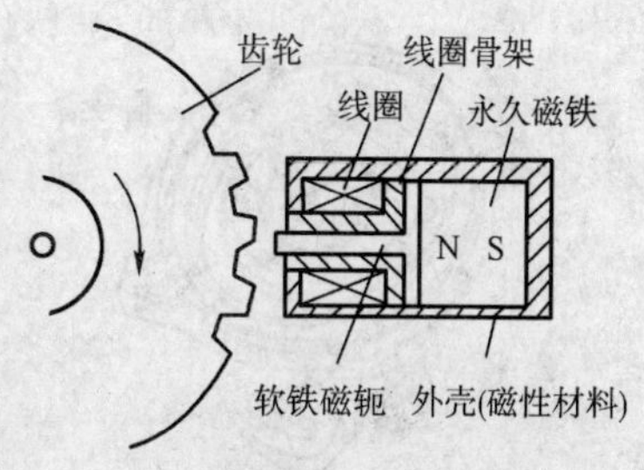

图 2-48　变磁阻式车速传感器

变磁阻式转速传感器具有结构简单、工作可靠、价格便宜等优点,在工程机械中应用比较广泛。

(2)光电式转速传感器

光电式转速传感器由信号发生器和带光孔的信号盘组成,如图 2-49 所示。信号盘上外围有 360 条缝隙(光孔)产生 1°信号。信号发生器主要由两只发光二极管、两只光敏二极管和波形电路组成。两只发光二极管分别正对着两只光敏二极管,发光二极管以光敏二极管为照射目标。信号盘位于发光二极管和光敏二极管之间,当信号盘随转轴旋转时,因信号盘上有光孔,则产生透光和遮光的交替变化,形成信号发生器输出表征转速的脉冲信号。

(3)霍尔式转速传感器

霍尔式转速传感器是利用霍尔效应原理,产生转轴转速相对应的电压脉冲信号的。

霍尔效应原理如图 2-50 所示。当电流 I 通过放在磁场中的半导体基片(即霍尔元件)且电流方向与磁场的方向垂直时,在垂直于电流与磁通的半导体基片的横向侧面上即产生一个与电流和磁感应强度成正比的电压,称霍尔电压 U_H。当电流 I 为定值时,U_H 与磁感应强度 B 成正比。如果用一带缺口的遮挡盘周期地遮挡磁力线,则霍尔电压也将周期地产生。

霍尔式转速传感器采用触发叶片的结构形式,如图 2-51 所示。霍尔信号发生器由永久磁铁、导磁板、霍尔元件及霍尔集成电路等组成。内外信号轮侧面各设置一个霍尔信号发生器,信号轮转动时,每当叶片进入永久磁铁与霍尔元件之间的空气隙中时,由于霍尔集成电路中的磁场磁力线被遮挡,则霍尔元件无法产生霍尔电压;当叶片的缺口进入空气隙时,霍尔元件就产生霍尔电压。将霍尔元件间歇产生的霍尔电压信号经霍尔集成电路整形、放大和反向后,即得到输送至微机控制装置的电压脉冲信号。

3)角位移传感器

角位移传感器在工程机械中应用较广,沥青混凝土摊铺机用于检测摊铺室内料堆高度的料位传感器以及自动找平系统的纵坡传感器等,都属于角位移传感器。常用的角位移传感器有电位器式、磁敏电阻式以及差动变压器式等。

(1)电位器式

电位器式角位移传感器的传感元件为电位器,通过电位器将机械的角位移输入转换为与之成一定函数关系的电阻或电压输出。

电位器式传感器的优点是结构简单、尺寸小、质量轻、精度高(可达0.1%或更高)且稳定性好,可以实现线性及任意函数特性;受环境因素(温度、湿度、电磁场干扰等)影响较小;输出信号较大,一般不需放大。但它也存在一些缺点,主要是存在摩擦和磨损。由于有摩擦,因而要求敏感元件有较大的输出功率,否则会降低传感器的精度;又由于有滑动触点及磨损,使传感器的可靠性和寿命受到影响。另外线绕电位器分辨力较低也是一个主要缺点。

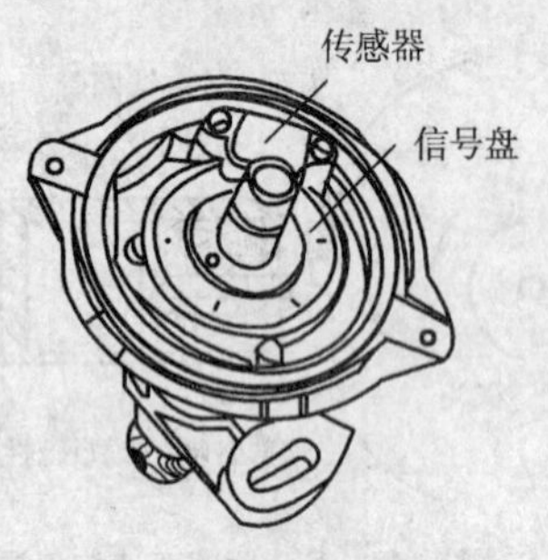

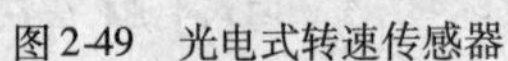
图2-49　光电式转速传感器

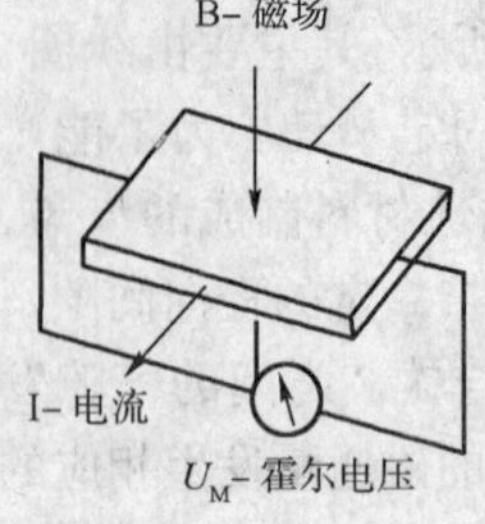

图2-50　霍尔效应原理

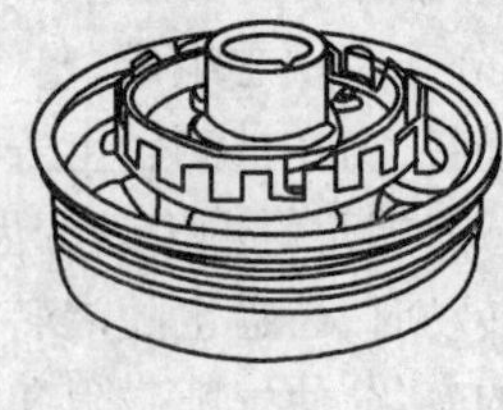

图2-51　霍尔式转速传感器信号轮

(2)磁敏电阻式

磁敏电阻由半导体材料制成。这种材料的特点是其电阻值随外加磁场的强弱而变化,这种现象称为磁阻效应。磁敏电阻式角位移传感器的主要元件为磁敏电阻和永久磁铁。磁铁固定在轴上,当检测物体带动传感器轴转动时,改变了磁铁与磁敏电阻间的距离,使通过磁敏电阻的磁通量发生变化,于是传感器的输出电阻值或电压便产生相应的变化。

(3)差动变压器式

差动变压器式角位移传感器是通过将角位移转换成线圈互感的变化而实现角位移测量的。其主要由一个初级线圈、两个次级线圈及铁磁转子组成,图2-52为其电路图。初级线圈由交流电源励磁,交流电的频率称为励磁频率或载波频率。两个次级线圈接成差动式,即反向串接,输出电压ΔU是两次级线圈感应电压的差值,故称差动变压器。当转子处于如图2-52所示的位置时,两个次级线圈的磁阻相等,由于互感作用,两个次级线圈感应的电压大小相等,相位相反,故无输出电压。当转子向一侧转动时,一个次级线圈的磁阻将减小,使其与初级线圈偶合的互感系数增加,于是该次级线圈的感应电压增大。而另一次级线圈的变化情况则与其正好相反,这样传感器便有电压ΔU输出。输出电压的大小在一定范围内与转子的角位移成线性关系。

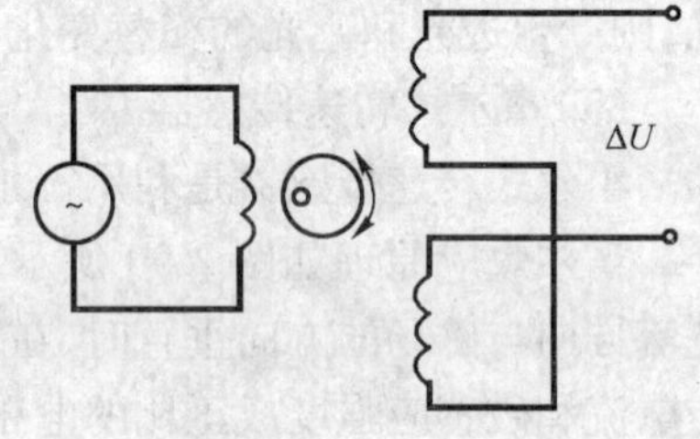

图2-52　差动变压器式角位移传感器电路图

传感器输出的电压是交流,故不能给出转子的转向。经过放大和相位解调,则可得到正、负极性的直流输出电压,从而给出转子的转向。

4. 电子显示装置

随着科学技术的不断发展及人们对性能要求的不断提高,现代工程机械的结构日趋复杂。为了使操作者能及时、准确和更多地了解工程机械各机构和装置的运行状态,以便有效地控制其正常工作,仪表盘上需安装更多的指示仪表及指示灯等,仪表盘已成为现代工程机械的信息中枢。若仍采用传统的机电式仪表,由于尺寸较大,安装的空间将受到限制,同时确定其在仪表盘上的安装位置也不方便,尤其是传统的仪表为操作人员提供的数据信息远远不能满足现代工程机械新技术的发展要求。

由于固态显示装置和驱动电路的发展，加上数字电子系统和电子计算机在工程机械中的应用，促使制造厂家积极发展电子显示装置。电子显示装置的主要优点是能适应微机输出的电子数字信号，它信息量大而又显示直观。电子显示组合仪表逐渐成为工程机械仪表发展的主流。它相对于传统仪表具有易于辨认、精确度高、可靠性好及显示模式的自由化等特点，能够利用传感器的信号并根据这些信号进行计算，以确定工程机械工作情况的测量数据，并将这些数据以数字或条形图形式显示出来。DH1220 型挖掘机的电子显示装置如图 2-53 所示，显示装置把各种传感器检测出的挖掘机的状态信息显示在仪表盘上。当有异常现象发生时，发出警报。另外，显示装置还显示驾驶员选择的设备运转模式。

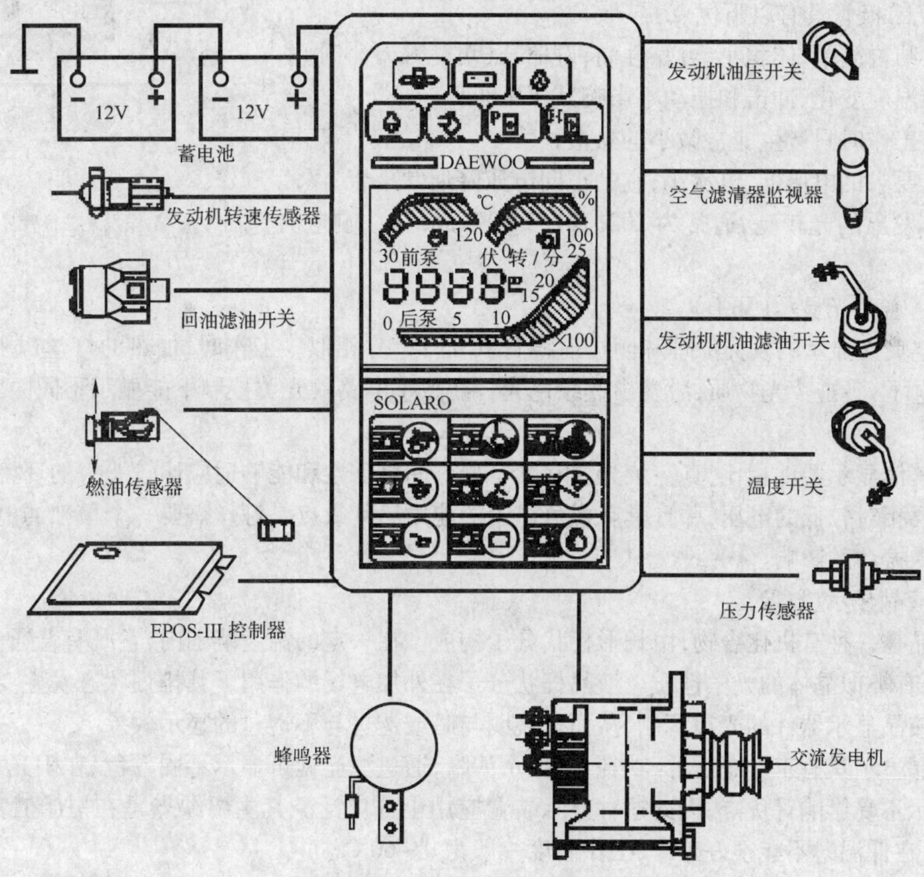

图 2-53 挖掘机电子显示装置

电子显示装置的特点是：

(1) 由于没有运动部件，所以反应快，准确度高；

(2) 由于可以灵活改变显示的大小和形式，可使显示更加清晰；

(3) 显示装置的位置可有较大的选择余地，可将仪表布置在观察方便的地方；

(4) 由于显示装置体积缩小，使整个仪表盘较易布置安排。

电子显示装置可分为两大类：能自身发光的主动型和只能反射投入光的被动型。目前主要的显示器件有发光二极管、真空荧光显示器、液晶显示器等。

1) 发光二极管 (LED)

发光二极管是一种将电能转变成光能的半导体器件，大多数发光二极管是用砷化镓制成。

当给它的 PN 结通以一定的正向电流时,二极管便会发光。发光二极管的种类较多,按发光颜色来分,有红色、橙色和绿色等;按外形来分,有圆形、方形、符号形及组合形等。

用发光二极管做成的 7 段显示器如图 2-54 所示。它由 7 只发光二极管组成,只要控制各二极管(段)的亮、灭,使可显示不同的字形,如数字 0 ~ 9 和某些英文字母。常用的七段显示器有共阴极连接和共阳极连接两种内部连接方式。前者是将各二极管的阴极连在一起并搭铁,后者则是将各二极管的阳极连在一起。

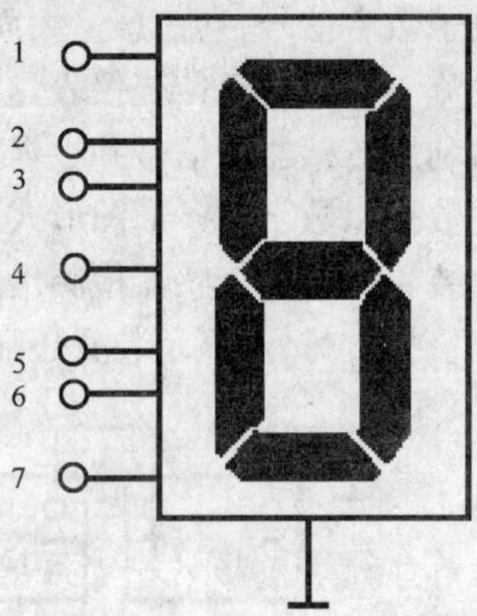

图 2-54　7 段发光二极管显示器

发光二极管具有以下优点:

(1)结构简单,体积小,可靠性高,寿命长(可达几万小时);

(2)温度变化、冲击和振动不影响其正常工作;

(3)工作时只产生非常微小的热量;

(4)要求的电压低、电流小,它的正向电压降通常小于 2V;

(5)发出的光较亮,通常为 102.78 ~ 1 027.8cd/m^2,响应时间约 10ns。

2)真空荧光显示(VFD)

真空荧光显示的发光原理和阴极射线管(CRT)十分相似。工作时,加热的灯丝(阴极)射出自由电子;轰击荧光物质,激发出蓝绿色光。在数字电路的开关控制下能显示不同的数字和字母。

与其他显示器件相比,真空荧光显示具有良好的可靠性和能够适应比较恶劣的环境,工作时仅需要相对较低的电压,并且具有彩色显示的能力。其缺点是灯丝需要一个单独的电源,而且易于受振动的影响。

3)液晶显示(LCD)

液晶是一种有机化合物,由长形杆状分子构成。在一定的温度范围内,它既有普通液体的性质,又有类似晶体的光学性质。液晶杆状分子在外加电场的作用下其排列状态发生变化,使得通过液晶显示器件的光被调制,从而呈现明与暗或透过与不透过的显示效果。

液晶显示具有工作电压低,功耗小,显示清晰,通过滤光镜可显示不同颜色,在阳光直接照射下显示不受影响等优点,因此这种显示装置应用十分广泛。其主要缺点是在黑暗时需要外部光源,在低温时不能很好工作,工作温度一般为 0 ~ 60℃。

5. 工程机械电子监控与故障诊断系统

为了正常安全运行,现代大型工程机械,如 CAT、LIEBHERR 和 HTTACHI 等公司生产的大型装载机、大型自卸汽车和大型挖掘机等,都装有电子监控与故障诊断系统。

工程机械电子监控与故障诊断系统有电子—液压单元控制模式、电子—液压集成控制模式以及集管理、控制和自动操纵为一体的全新的电子液压控制模式。

1)电子—液压单元控制模式。采用传感器-电子控制单元与液压驱动执行机构相组合,取代传统的液压—机械控制单元,大大提高整机性能。例如:CAT 公司在其 966E 型装载机、750C 型自卸车和 200E 型挖掘机等产品上分别采用过程(位置、轨迹)控制装置、电子监控报警系统、电子液压先导操纵系统和应急安全控制系统(如发动机自动熄火系统)。这种模式的成本较传统模式没有大的变化,而机器的性能价格比明显提高。

该模式采用的是开关量传感器配合专用大规模集成电路,监控逻辑与故障诊断逻辑以并行的形式集成在大规模集成电路芯片中，以各功能部件的电子液压控制为基础。例如：装载机的动臂与铲斗位置控制；挖掘机动臂、斗杆及铲斗组成的工作装置的轨迹控制；自卸车上的载荷监控；各机型液压系统、供油系统、制动系统、操纵系统及电气系统的状态监控等。这种模式的优点在于控制方式独立，自成体系，安装维护简单，稳定性较好；缺点是使用的约束较多，涉及各部件之间的复合控制难以进行，传感器资源没有充分利用。

2）电子—液压集成控制模式。采用的是连续量传感器配合通用微处理器及专用电子电路，监控逻辑与故障诊断逻辑以程序的形式串行地存储在程序存储器中。运行时监控参数反映的状态信息量大，监控与故障诊断可以定量进行，故障分析辨识较全面，可以自动存储数据，以备联机通讯，进行深入的数据分析。例如：在大型装载机上实现集操纵、监控和诊断于一体的完全电子控制，在大型挖掘机全液压控制的基础上嵌入了双微处理器单元，简化了原有的液压控制机构和控制逻辑，使操纵稳定性、准确性达到更高的水平。在大型矿用自卸车上安装了整机全数字电子监控及故障诊断系统和紧急制动系统，可以对载荷、地基支承强度进行检测，使机器的效率提高，安全更有保证。

3）集管理、控制和自动操纵为一体的全新的电子液压控制模式。可对设备的运行、维护、保养和状态等参数实行有效管理，实施的有利技术手段就是在电子—液压集成控制模式的基础上嵌入卫星通讯管理模块（如卫星数据传输、GPS 定位管理）和自动操纵模块（VR 控制），从而引领工程机械控制模式进入集管理、控制和自动操纵为一体的全新电子液压控制模式（即 3G + M 模式），这是工程机械监控诊断系统的发展方向。

第四节　典型工程机械电子控制系统

一、控制系统概述

控制系统的进步与发展是工程机械产品科技含量和技术水平的重要标志之一，是行业发展的风向标。随着传感器的小型化和多样化，以及微处理器的应用，尤其是信息技术的采用，工程机械控制系统已从原来的为减轻驾驶员操作强度的单一角色，逐渐转变成集各种角色于一身的控制中心。在实现产品的施工质量提高、节能、降噪、减振，提高舒适性、环保性、安全性能，以及故障的自诊断功能和数据通讯等方面起着重要的作用。

1. 微机的基本原理

1）微机的组成

一台完整的计算机系统由软件和硬件组成，缺一不可。而硬件系统主要由以下几部分组成。

运算器：进行算术运算和逻辑运算的部件。

控制器：统一指挥和控制计算机各部件进行协调工作的中央机构，一般与运算器制作在一起，称为中央处理器（CPU）。

存储器：用来存储程序和数据的部件，分为只读存储器和随机存储器。

输入设备：向计算机输入各种数据的设备，在工程机械中一般为各种传感器和开关。

输出设备：将计算机处理后的数据输出的设备，在工程机械中一般为各种显示装置和各种执行部件（如电磁阀）等。

在工程机械设备中软件一般固定在只读存储器中。运算器、控制器、存储器和输入输出设备接口一般做在一块芯片中或是一块电路板上，称为电子控制器（ECU）。形式上与通用微机有较大区别。

2）微机的工作原理

如图 2-55 所示，控制器从存储器中读取指令，根据指令将输入设备输入的数据写入存储器中；然后控制运算器读取存储器中的数据进行处理，并将处理后的数据返回存储器并通知控制器处理完成；控制器控制存储器将处理后的结果数据发送到指定的输出设备。只要事先编制好计算机程序，这一过程将自动执行，从而实现整个系统的自动控制和运行。

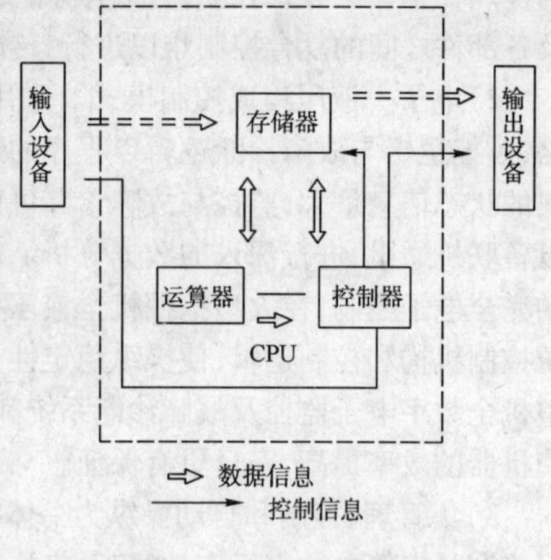

图 2-55　计算机硬件系统

2. 微机控制的应用

由于现代工程机械在工作上的复杂性，和对各种性能的更高要求，采用传统的机械操控方式是不能达到要求的。而必须采用更加精确、更加可靠、速度更快、能够自动控制的微机控制方式。

目前，在工程机械中常用的微机控制应用有：

1）发动机电子控制装置

电子控制式柴油机系统如图 2-56，保障发动机在各种工况下的正常运转和节省燃油减少排污。

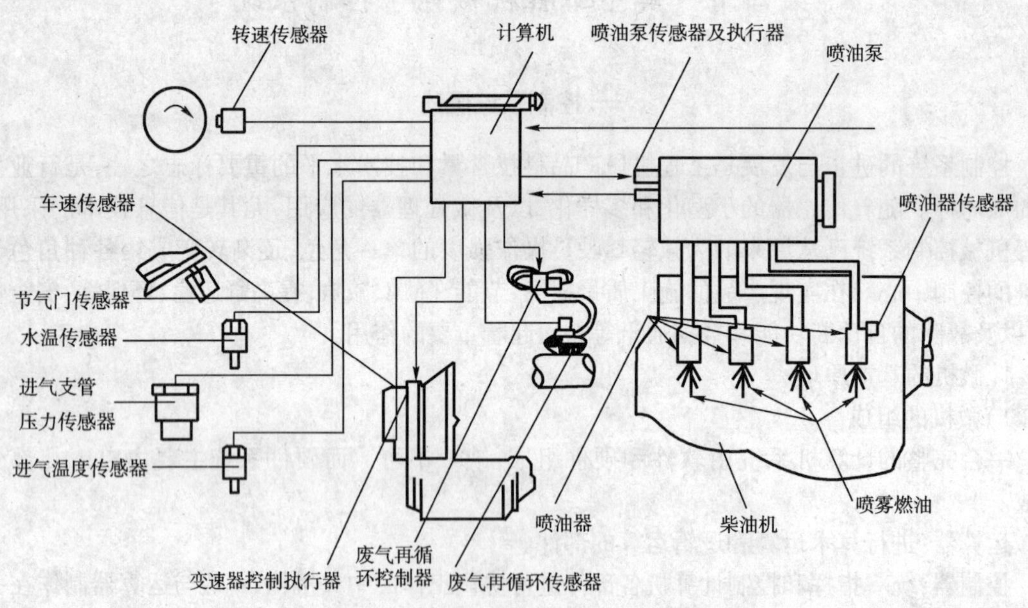

图 2-56　柴油机电控喷油系统结构示意图

2）传动系电子控制装置

主要用于变速器的控制，如电脑控制的无级自动变速器。保障工程机械的平稳行驶及减轻操作手的劳动强度。

3）工作装置电子控制

用于自动控制各种工作装置,降低能耗,提高作业质量、作业效率和可靠性。

4)工况监视及信息系统

主要有数字式仪表、多重显示、集中显示系统、油耗指示仪、维护间隔指示仪等。方便操作、监视,便于及时发现问题,提高工程机械的可靠性。

二、沥青混凝土摊铺机电子控制系统

1. 沥青混合料摊铺机控制系统特点

沥青混合料摊铺机是铺筑沥青路面的专用施工机械。它的作用是将拌制好的沥青混合料均匀地摊铺在路面底层上,并保证摊铺层的厚度、宽度、路面拱度、平整度、密实度等。它广泛用于公路、城市道路、大型货场、停车场、机场和码头等工程中的沥青混合料摊铺作业。

摊铺机是工程机械产品中功能较多,结构比较复杂,各功能间的协同作业要求比较高的机种。与摊铺机运动和作业相关的功能主要包括行驶速度、转向、混合料输送、分料、路面熨平与压实等方面,以及用于实现摊铺过程的状态监控、自动调平、故障诊断和信息传递等内容。因此,对控制系统有较大的依赖性,控制系统技术在摊铺机产品技术中占据突出的地位。

沥青混合料摊铺机一般与自卸车、压路机联合作业,进行沥青混合料摊铺机械化施工。自卸车将沥青混合料运至施工现场,倒车行驶至摊铺机前,其后轮抵靠在摊铺机的顶推滚轮上,变速器处于空挡位置。自卸车将部分沥青混合料卸入摊铺机接料斗内,并被刮板输送机、螺旋摊铺器送至摊铺面,然后摊铺机以适当的稳定速度顶推着自卸车向前行驶,自卸车边前进边卸料,摊铺机连续摊铺。摊铺的沥青混合料层由振捣器初步振实,由熨平板整平。

摊铺机的电控系统分为:车辆电系(包括发动机起动与供电、仪表与报警、照明信号等)、简单功能电系(包括边料斗的翻转、出料闸门的启闭、熨平板升降和伸缩油缸的控制以及振动和振捣马达的控制)、行驶电系、供料电系、调平电系及加热电系等。

电控系统在保证摊铺机作业速度恒定、供料速度与行走速度合理匹配、浮动熨平板随道路起伏而自动调平以及在摊铺机监控报警等方面起着重要的作用。现代摊铺机所有的操作都采用电控方式控制,而电控系统的品质,将直接影响到摊铺机的工作可靠性、作业效率、摊铺质量及使用寿命。提高所摊铺道路的密实度和平整度,以及提高作业过程中的自动化程度和智能化水平,是各摊铺机生产企业一直追求的目标。

摊铺机集成控制系统如图2-57所示,摊铺机控制系统完成的功能主要包括:

(1)摊铺机的行走控制。该功能要求摊铺机能够按预先设定的速度和运动轨迹实现恒速摊铺。主要涉及摊铺机前进、后退及转弯等运动方向与速度的自动控制,还包括摊铺机行走自动跟踪系统。作业速度自动控制利用脉冲传感器、信号放大器和比例控制阀等测定摊铺机的行驶速度,并通过反馈调节液压系统的流量来控制摊铺机的行走速度,使其不受施工条件变化的干扰,保持作业速度的稳定。

(2)输、分料的自动控制。这是摊铺机的主要任务之一,摊铺机既要按设定的速度分配物料,又要保证布料均匀和物料不离析。供料速度自动控制通过超声波传感装置连续监测熨平板挡板前的混合料数量,控制刮板输料器和螺旋分料器的驱动机构,使其相应地增减速度,达到均匀、稳定、连续地供料。

(3)自动调平控制系统。也就是摊铺的平整度问题,这是摊铺作业的关键技术之一,是道路施工监理考核的重要质量指标。作业平整度自动调平利用超声波或激光等非接触式调平装置和技术,使摊铺机作业平整度进一步提高。该自动调平装置对公路施工条件的适应性很强,其最小分辨率已达到纵向高度差不大于±0.3mm、横向坡度差不大于±0.02%。

(4)辅助功能。它包括人机交互系统、自动润滑系统、故障诊断、振捣与振动频率控制和辅助装置的动作。

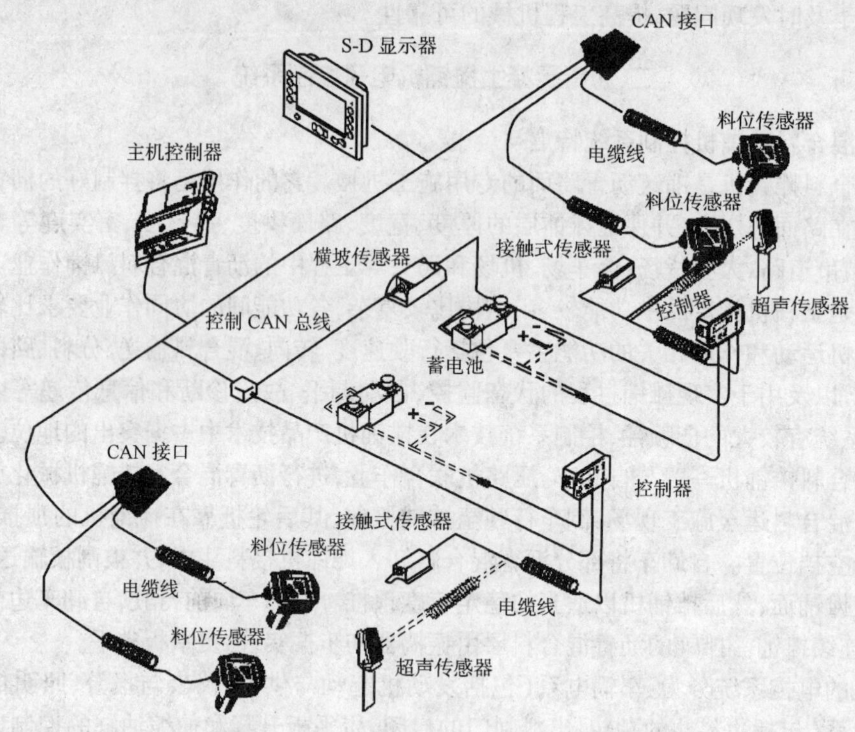

图 2-57　摊铺机集成控制系统示意图

(5)遥控功能。在特殊情况下,人机相距一定距离的遥控作业。

以上各项中,用于实现行走系统、物料供给及平整度的控制技术是摊铺机电控系统设计的关键,这3个因素对摊铺机性能的好坏起决定性作用。

2. 供料电控系统

摊铺机供料系统由刮板输料系统、螺旋分料系统和料斗开闭系统3部分组成。

接料斗位于摊铺机的前部,是接受自卸车卸料并暂时存放沥青混合料的容器。接料斗后壁上的两个出料口多由左右两扇闸门来调节开度,与刮板输送器一起共同控制进入摊铺槽的沥青混合料量。

刮板输送器由驱动轴、张紧轴、刮板链及刮板等组成,由链传动或液压马达驱动,其作用是将接料斗内的沥青混合料输送到摊铺槽内。大中型摊铺机设置左右二个刮板输送器,以便控制左右两边的供料量。

螺旋分料器位于摊铺机后部的摊铺槽内,其功用是将刮板输送器输送到摊铺槽中部的沥青混合料,左右横向地分送到摊铺槽的全幅宽度上。螺旋分料器由两组对称布置的螺旋轴、螺旋叶片、连接套筒、反向叶片等组成,如图2-58所示。两组螺旋轴上的螺旋叶片的旋向相反,以使混合料由摊铺槽中部向两端输送。为控制料位高度,左右两端设有料位传感器,如图2-59所示。

摊铺机的物料供给控制由左、右刮料板的控制和左、右螺旋输送器的无级变速控制两部分组成,通过由料位传感器和液压系统组成的电液闭环控制回路实现。

刮料板的料位传感器有两种:一种为开关量式传感器,另一种为无级式传感器;螺旋输送器的料位传感器为无级式传感器。现在,随着超声波技术的应用,刮板与螺旋供料均采用超声波传感器。超声波传感器是利用超声波在空气中的传送时间,实时算出料位的高度,通过换能器转换成电流信号,再进行放大,输出 PWM 信号来控制电磁阀。其最大的好处是传感器与物料不接触,免污染,使用寿命长,控制范围宽,灵敏度高,精度高,可以很好地解决物料的离析问题,而且该传感器可以安装在摊铺机熨平板的任何位置上。

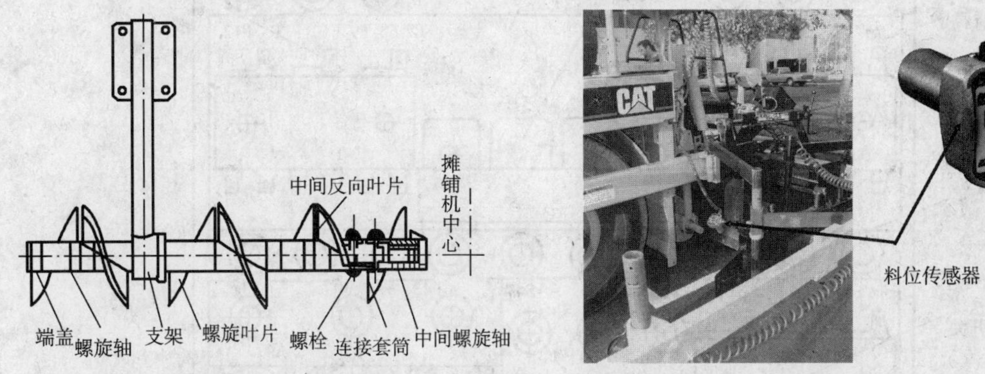

图 2-58　螺旋分料器

图 2-59　摊铺机料位传感器

采用变量泵定量马达供料系统的摊铺机,其供料速度可以在设定的范围内无级调节,可以很方便地实现按摊铺槽内料堆高度变化成比例地调整供料速度。

图 2-60 为德国 ABG 公司生产的 TITAN411 型摊铺机供料电控系统电路,该系统有手动和自动两种控制方式。

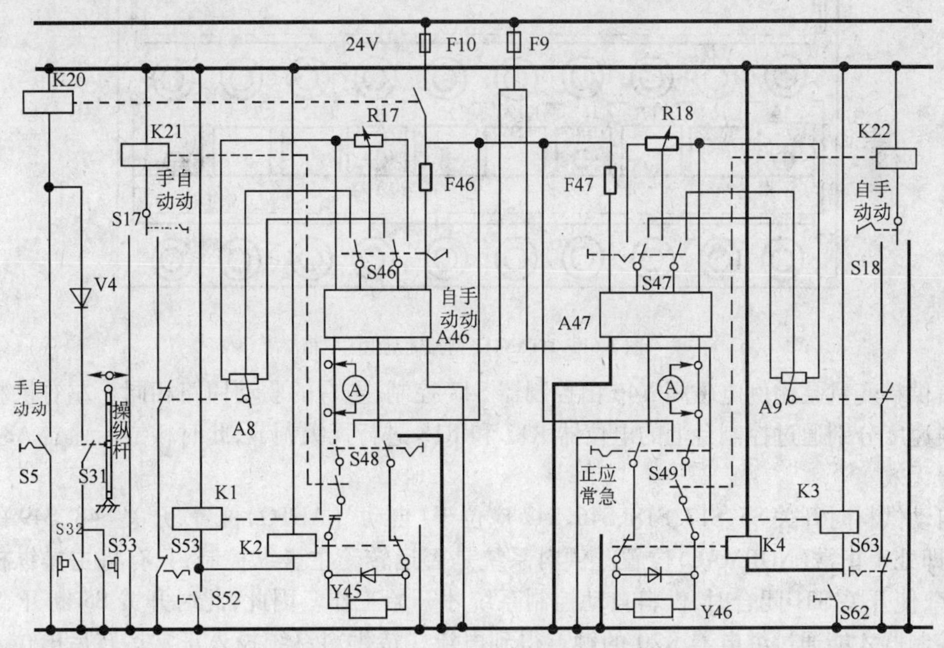

图 2-60　TITAN411 型摊铺机供料电控系统电路

摊铺机进行作业之前,首先采用手动方式控制供料系统的工作,待螺旋摊铺器前面(摊铺仓)聚集了足够的沥青混合料后才能转到自动供料方式。采用手动控制时,将控制台上的开关 S5、S17、S18 以及主配电柜(见图 2-61)上的开关 S46 和 S47 都扳到“手动”(HAND)位置,主配电柜上的开关 S48 和 S49 扳到“正常”(NORMAL)。此时左供料变量泵比例电磁阀 Y45 的驱动回路为:控制器 A46 → S48 →继电器 K21 的常开触点→继电器 K1 的常闭触点→ Y45 →继电器 K2 的常闭触点→ S48 →控制器 A46。

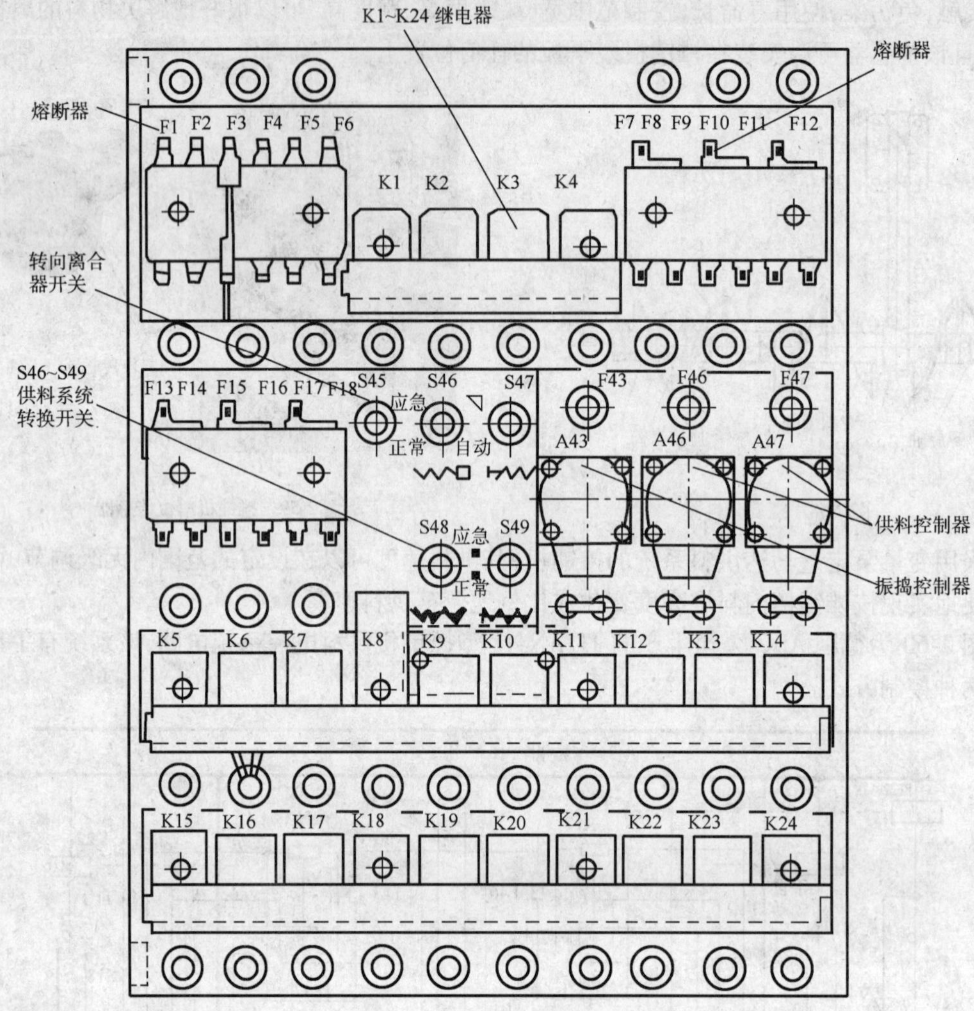

图 2-61 TITAN411 型摊铺机主配电柜

右供料变量泵比例电磁阀 Y46 由控制器 S47 控制,左右的驱动回路相同。左右供料系统的供料速度分别通过控制台上的电位器 R17 和 R18 进行无级调节,此时料位传感器 A8 和 A9 的信号无效。

自动供料时开关 S5、S17、S18、S46、S47 应位于“自动”(AUTO)位置,开关 S48、S49 的位置不变,即处于正常(NORMAL)位置。供料系统是否运转受主操纵控制,只有将主操纵杆向前推到底,使开关 S31 闭合时,供料自动控制系统才开始工作。因此,此时开关 S5 断开、S31 闭合后控制器才能通过继电器 K20 的触点得到电流。待供料系统投入正常运转后电位器 R17 和 R18 的调节作用失效,控制器驱动各自比例电磁阀的电流随料位传感器所测得的料堆高度的不同而变化,并成一定比例关系,使每一侧的供料速度与料堆高度相对应。

料位传感器 A8 和 A9 为带传感板的可变电阻,料堆高度的变化通过传感板的摆动而转变成电阻值的变化。传感板还控制开关的开闭,当料堆升至一定高度时,开关便断开,使继电器

K21 断电，K21 触点打开，于是供料系统便停止运行，待料堆下降至一定高度后，供料系统又恢复工作。

在自动供料过程中，如果发现摊铺槽内沥青混合料偏多，可利用熨平板两侧控制盒上的按钮开关 S53 和 S63 来停止刮板输送器任何一侧的供料。如果发现摊铺仓内的材料偏少时，可通过按钮开关 S52 和 S62 使供料系统的任何一侧以最高速度运转，此时左侧比例电磁阀 Y45 的驱动回路为：+24V → F9 → K1 的常开触点→ Y45 → K2 的常开触点→搭铁线。

在电控系统失灵的情况下，可以使供料系统以最高的速度工作，方法是：开关 S17、S18 仍位于“自动”位置，开关 S5 转至“自动”方式，S48 和 S49 扳到“应急”（NOT）位置。此时比例电磁阀通过熔断器 F9 始终与 24V 电源相连，而不受主操纵杆、料位传感器及控制器的控制，供料系统以最高速度供料。

3. 自动调平电控系统

1）自动调平装置类型

摊铺机在施工过程中，其熨平板是处于浮动状态，并由主机通过两侧大臂铰点水平牵引。这种浮动熨平板具有一定的自找平能力，但仅靠浮动熨平板只能克服较小的不平度，不能满足施工要求。在实际应用中，通常是根据道路不平度的变化随时调节两大臂牵引点的垂直高度，以弥补浮动熨平板的不足，使摊铺的路面平整度符合技术要求，而不受路基不平度影响，这就是熨平板调平装置的功能。

熨平-振捣装置是沥青混合料摊铺机的主要工作装置之一，位于螺旋分料器的后面。其功能是将摊铺槽内全幅宽度的沥青混合料摊平、捣实和熨平。一般沥青混合料摊铺机的熨平-振捣装置如图 2-62，由牵引臂、刮料板、振捣梁、熨平板、厚度调节机构和拱度调节机构等组成。

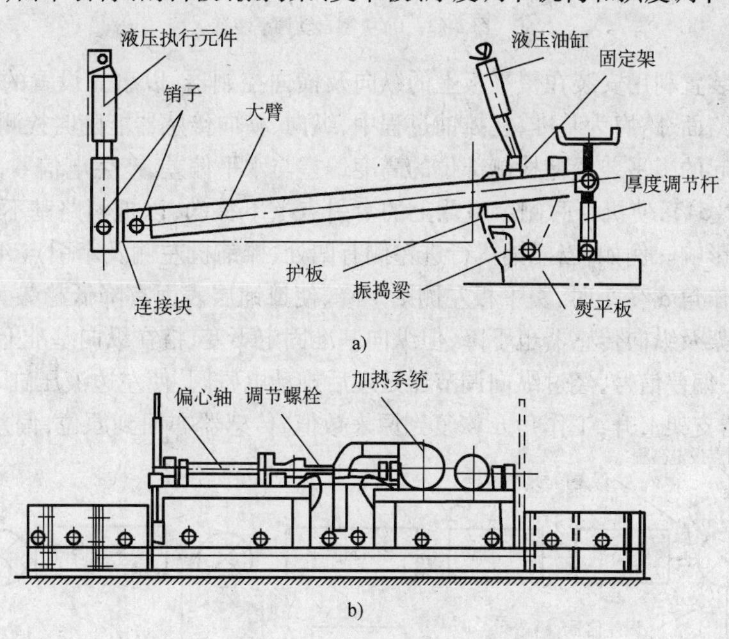

图 2-62　熨平-振捣装置

a）侧视；b）后视

为了使铺筑路面能获得平顺的纵坡、规定的横截面和平整的表面，现代沥青混合料摊铺机上附设有自动调平装置，它包括纵坡调平自控系统和横坡调平自控系统。其基本原理是：纵坡调平自控系统是一个传感器跟踪一个外部基准，使熨平板始终保持该基准所规定的水平位置；

横坡调节则是由一个重力导向式传感器取出信号来进行控制的,该传感器安置在一根横跨左右牵引臂的横梁上,根据其重块相对于铅垂线的偏摆量来测知横坡的偏离情况。总之,自动调平装置使熨平板不受外界条件变化的干扰,始终保持平行于纵、横基准而运行,而与机械本身的垂直方向上的运动情况无关。

2)自动调平装置组成及功能

自动调平装置由控制器(包括传感器和调节器)、液压缸、换向阀、传感器、平均梁等组成,如图2-63所示。

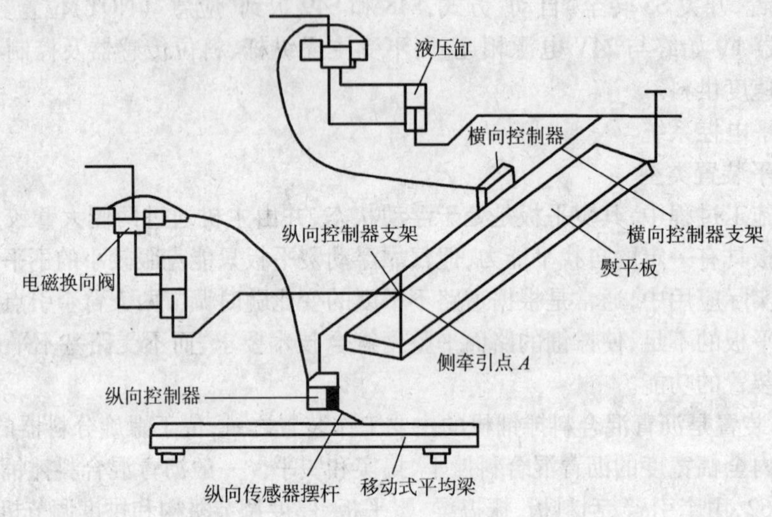

图2-63 DY-1型自动调平装置

自动调平装置利用安装在熨平板上的纵向及横向控制器,以事先设置的钢丝、尼龙绳、滑杆或已铺设的路面、路肩为基准,在摊铺过程中,纵向、横向传感器能随时检测出路基不平整及其他干扰所引起的熨平装置上检测部位的高度偏差与水平偏差,产生电信号,再通过一系列信息传递(见图2-64),使机身两侧牵引臂上的牵引点上下移动,以抵消路基不平整或其他因素干扰所造成的影响。例如,当摊铺机行进左侧有凹处、摊铺机左侧及牵引点A(图2-63)下降、熨平板左侧工作角α变小时,熨平板左侧则下降、使摊铺层表面有降低趋势。当A点下降时,纵向控制器支架及纵向传感器也下降,但纵向基准固定不变,搭在纵向基准上的传感器栅臂则转动,并产生一偏差信号,经过纵向调节器处理后推动电磁阀,使左边液压缸下腔进油,随之A点、纵向控制器支架上升,工作角α恢复到原来数值,传感器亦回到原位,偏差信号消失,液压

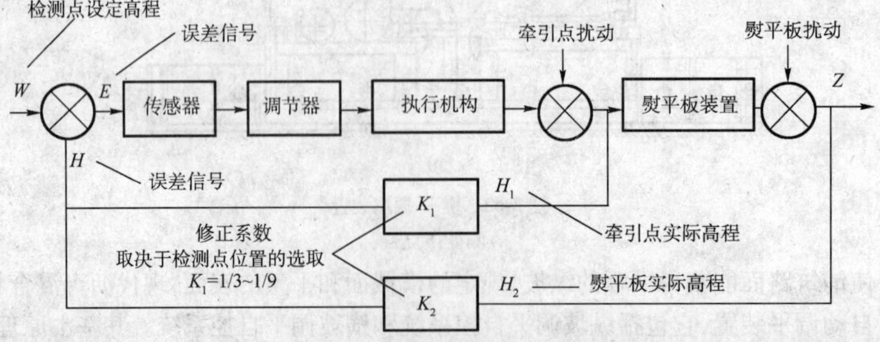

图2-64 自动调平装置自控系统信息传递线路

缸停止工作。此时，尽管机架左边已下降，但熨平板并未下降，工作角 α 保持不变，因而保持了原来的摊铺高度。

右侧的调节与左侧相似，所不同的是，它采用横向调节器和传感器，以检测出熨平板横向角度的变化。即，一旦外界干扰引起熨平板角度变化，横向传感器立即有偏差信号发出，经横向调节器、电磁阀控制右侧液压缸，相应改变右侧牵引点的位置，直至熨平板恢复到原来设定的横坡上。

熨平板自动调平装置主要由调平泵、电磁阀、调平缸、溢流阀等液压元件和路面纵坡传感器、横坡传感器、纵坡电子调平器、横坡电子调平器等电子元件组成。自动调平装置的功用就是使熨平板不受外界条件变化的干扰，始终保持平行于纵、横基准而运动。自动调平装置以电子元件作为检测装置，以液压元件作为执行机构，调整牵引点的升降。

3）自动找平仪的几种常用测控方法

（1）自动找平仪的基准线测控法

基准线测控法常用于基层摊铺。摊铺前路基大多高低不平，必须采取事先拉线的方法设定基准。基准线由钢丝、钢丝固定架以及拉钢丝的张紧器组成。基准线设在待摊铺路面的边缘，一般离熨平板端部 17 ~ 60cm，要在施工前铺设好，并按设计要求调平。钢扦的间距约为 7.5 ~ 10m，钢丝总长最好不要超过 200m，过长了不易拉紧。张紧力一般取 800 ~ 1 000N，必要时可以用弹簧秤校核。钢丝直径可选 2 ~ 2.5mm。

也可用尼龙绳作基准，但尼龙绳遇水会伸长，受温度影响较大，要经常复查其张紧度，必要时再张紧。尼龙绳的优点就是柔软，使用保管方便，所以仍被较多使用。尼龙绳的总长以 150 ~ 200m 为宜，其张紧力可选 300 ~ 400N。

（2）利用已铺路面做基准的滑靴测控法

滑靴有很好的跟随性。在已铺好的半幅路面拼缝摊铺另半幅路时，保留一定的压实余量，纵向控制器配装滑靴在已铺好的路面上滑行，它会控制熨平板使摊铺路面与已铺路面平滑自然拼接。在冷拼幅施工时，滑靴应放在离已铺路边缘 30 ~ 40cm 处，因为冷拼幅情况，已铺路面经过碾压，路边缘都会因碾压引起变形，影响基准的提取，在热拼幅施工时则不存在这个问题，滑靴可沿已铺路面边缘滑行。当路面与路沿石相接时，可以让滑靴在路沿石上滑行，根据已找平铺就的路沿石作基准摊铺。

（3）自动找平仪与基准梁配合使用

这是我国高等级公路沥青面层施工普遍采用的一种找平方式，属于接触式移动基准。这种移动式基准的参考范围大（约 $19 \times 10m^2$），且采样点多（一般为 40 个点），所以具有高效的滤波功能，可缓慢改变铺层的厚度，起到找平作用。用这种找平方式摊铺出来路面的平整度比钢丝绳为基准的找平方式得到较大改进（均方差可以控制在 0.5mm 以下）。

安装时将纵向控制器配装滑管后固定在基准梁的跨梁和角梁中间。摊铺作业时，基准梁的靴梁、轮梁及时采取地面样本基准，通过机械传递，汇总到纵向控制器，使其控制枢轴油缸控制熨平板达到铺平沥青的目的。

4）ABGTITAN411 型摊铺机的自动调平系统

德国 ABG 公司生产的 TITAN411 型摊铺机自动调平电控系统有自动和手动两种控制方式，可通过控制台上的开关进行选择。左、右调平油缸的电磁换向阀的动作由纵坡控制器和横坡控制器根据偏差情况自动控制。调平装置的工作受主操纵杆控制，当摊铺机处于静止状态时，电磁换向阀的电源被切断，熨平板保持原来的工作仰角。若此时人为的接触基准线或横坡控制器带橡胶块的安装底板时,控制器不会因有误差信号而使熨平板动作,从而可避免在路面上留下痕迹。

该电控系统采用德国 BOMA 公司生产的 G167 型纵向控制器和 S276 型横向控制器。纵向控制器和横向控制器是两个完全独立的工作单元,它们既可单独使用又可相互组合,形成纵横自动控制控制系统。

S276 型横向控制器如图 2-65 所示,它通过底座安装在螺旋摊铺器上方的横梁中央,底座与横梁之间有一橡胶垫,以减小控制器的振动。运输过程中底座通过两侧的螺钉而紧固,使用时松开。横向控制器配有手持的有线遥控装置(见图右),用来无级设定横向坡度。

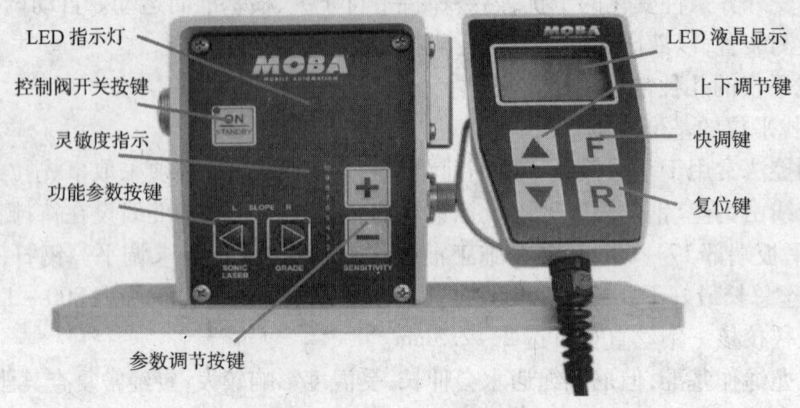

图 2-65　S276 横向控制器

横向控制器的内部接线,如图 2-66 所示。NPN 控制模块通过一个七芯插座与 12V 直流电源和电磁换向阀线圈相连,端子 *C* 和 *D* 控制电磁阀两线圈电路的通断。线圈 *A* 通电时调平油缸带动牵引大臂的牵引点上升;线圈 *B* 通电时牵引点便下降。牵引点的运动方向由控制器面板上的指示灯指示。遥控器与控制器之间通过三芯电缆和接插件相连,遥控器所用的直流电源经端子 *A* 和 *C* 提供,端子 *B* 输出的为与设定的横向坡度成正比的电压(参考)信号。坡度传感器(LSTA)安装在控制器内部,实测的横向坡度不同时,它便输出与坡度值成比例的电压信号。

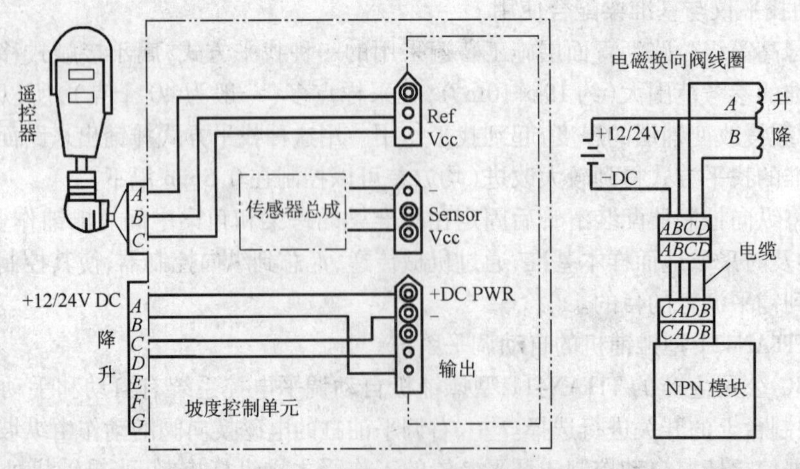

图 2-66　横向控制器的内部接线

控制器的工作情况是:NPN 控制模块将传感器的实测坡度信号与遥控器输出的预设坡度信号不断进行比较,当偏差不在“死区”内时,控制模块便以脉冲信号或连续信号的形式驱动电磁阀,使牵引大臂的牵引点上升或下降,直到坡度偏差位于“死区”内为止。

纵向控制系统主要由 G167 型纵向控制器、传感臂(带有平衡砝码)、传感滑竿、传感滑靴、连接电缆(6m)、黄色尼龙准绳(300m/卷)、钢钎(约 1m)、准绳支撑柱等组成,见图 2-67。

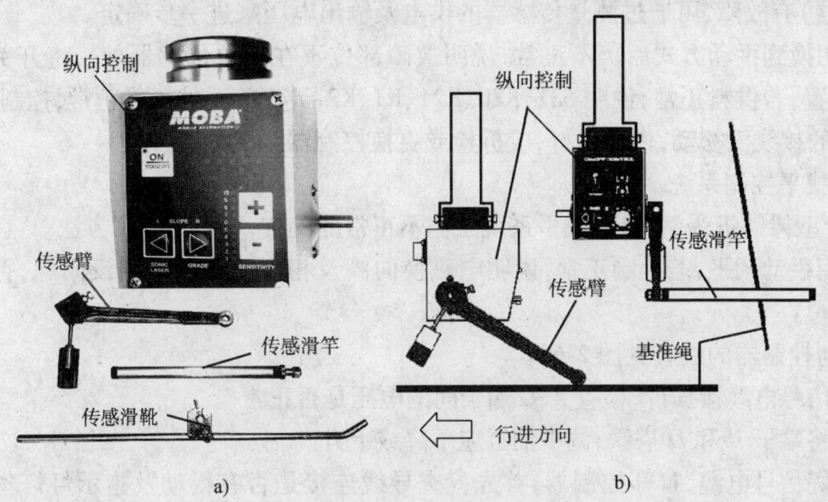

图 2-67　纵向控制系统

a)纵向控制系统主要元件;b)传感滑竿以准绳为参考基准的连接

G167 型纵向控制器通过可调导柱和悬臂杆固定在左侧或右侧牵引大臂的靠近熨平板处,其垂直位置可以进行调节。转角式纵向传感器(RVDT)位于控制器内,其转轴伸出控制器的壳体外,并固定在转臂的带有平衡块的一端。转臂的另一端装有与参考基准始终接触的传感元件。本系统有两种不同的传感件,传感滑竿是以准绳为参考基准的传感件,传感滑靴是以路面为基准的传感件。纵向控制器的内部接线如图 2-68 所示,它与横向控制器的主要区别是,高度基准(参考)的电压信号已由电阻设定好。纵向控制器的工作情况和横向控制器的工作情况基本相同。

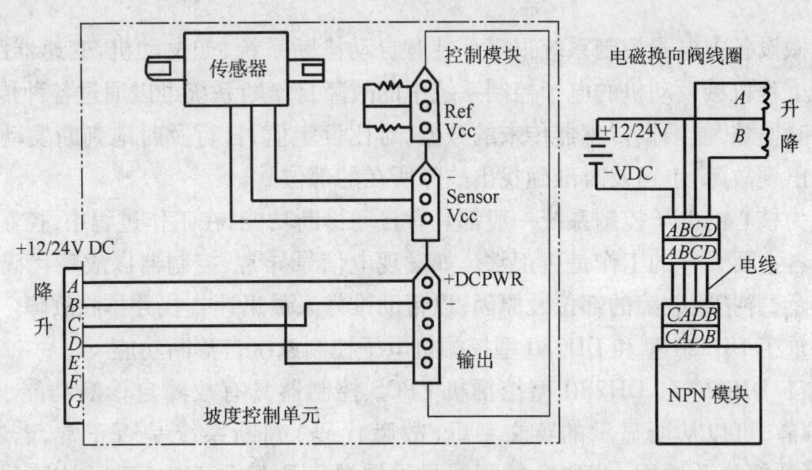

图 2-68　纵向控制器的内部接线

4. 摊铺机电子控制系统的故障诊断

1)供料控制系统

以 ABG TITAN 411 型摊铺机为例(电路见图 2-60)自动供料工作不正常的诊断,可参考以下方法。

(1)将开关 S46 切换到手动位置,用 R17 调节供料速度。若调节正常,说明料位传感器 A8(为电位器)有故障,可通过测量传感器的供电及输出电压来进一步确定。

(2)若切换到手动方式后仍不正常,说明故障部位不在料位传感器处。将开关 S48 切换到"应急"位置,若供料正常,说明 S31、K20、K21、K1、K2、Y45 等元件工作正常,控制器有故障。如果控制器的接线没松动,供电良好,应拆检或更换控制器。

2)自动找平控制系统

以 ABG 型摊铺机为例,自动找平系统工作不正常的检查,可参考以下方法。

(1)采用手动调平,若控制正常,说明电磁换向阀及相应的控制电路没问题,否则就应检查电磁换向阀。

(2)纵向控制器的检查见图 2-68。

①拔下信号电缆接插件,检查 *A*、*C* 端子间的电压是否正常。

②依次将端子 *B* 和 *D* 搭铁,调平油缸应下降或上升。

③连接好信号电缆,打开控制器,首先检查导线连接是否有松动及指示灯灯丝是否烧断等。然后,检查传感器的供电及输出电压是否正常。

④以上检查都正常时,说明控制模块有问题,应检查或更换。

(3)横向控制器及遥控器的检查见图 2-66。

①②③同纵向控制器。

④遥控器的检查方法如下:首先检查供电是否正常,然后旋转遥控器上的旋钮,此时接插件的端子 *B* 上的电压应随之变化。在按下遥控器上的复位按钮的同时旋转旋钮,端子 *B* 上的电压应保持不变。

⑤同纵向传感器的④。

三、工程机械自动诊断技术

现代机械设备中电子控制系统很多都装有自动诊断系统,如发动机、变速器、自动空调系统等。现代工程机械发动机的电子控制系统中的故障自诊断系统可以通过各种传感器对运行中发动机实时监控,能根据传感器传来的数据,对比设定值,自行及时地判断发动机的工作是否正常。若出现故障,也可及时准确找出故障所在的部位。

以微机为核心的电子控制系统一般都具有自动诊断功能,在工作过程中,控制器能不断地检测和判断各主要元件的工作是否正常。如发现电信号异常,控制器以故障代码的形式向驾驶员发出警示,并指明故障的部位及原因,以帮助维修人员迅速查找并排除故障。

1. 大宇重工 DH220 型和 DH280 型挖掘机电子控制系统自诊断功能

大宇重工 DH220 和 DH280 型挖掘机 EPOS 控制器具有故障自诊断功能,通过观察其上的检测屏幕,可以从所显示的英文字母(故障代码)判断系统是否正常,若有故障能通过其判断故障部位及原因。EPOS 控制器显示屏幕上所显示英文字母(故障代码)的含义如表 2-6。

大字重工 **DH2201** 型和 **DH2** 型挖掘机电控系统故障自诊断　表 2-6

显示字母	故障位置	产生故障的原因
U.	发动机转速传感器	在 H 模式时，转速传感器没有信号输出
P.	加速踏板行程开关	在 H 模式时，行程开关处于断开的状态
O	模式选择开关	模式选择开关未接通
E	电磁比例减压阀	EPOS 控制器与电磁比例减压阀之间有搭铁
L	F 模式电磁换向阀	在 F 模式时，电磁换向阀断路或搭铁
P	自动怠速电磁换向阀	自动怠速电磁换向阀断路或搭铁
	电源	EPOS 控制器无电源

2. 小松 PC200-5 挖掘机电子控制系统故障自诊断功能

小松 PC200-5 挖掘机电子控制系统控制器上安装有 3 只发光二极管，通过发光二极管的亮与灭的组合来显示系统是否正常。若不正常，则显示故障的部位及原因。

（1）将起动机开关转至“接通”位置时，3 只二极管（颜色分别为红、绿、红）首先进行车型显示，如表 2-7 所示。

小松挖掘机车型标记显示　表 2-7

机型	发光二极管（LEDS）	机型	发光二极管（LEDS）
PC200	红●绿○红○	PC200-5	红○绿●红○

（2）约 5s 后，进入系统的工作正常显示（表 2-8）或故障显示（表 2-9）。

小松挖掘机正常标记显示　表 2-8

二极管颜色	红	绿	红	二极管颜色	红	绿	红
正常显示	○	●	○	通断状态	断	通	断

小松 **PC200-5** 挖掘机电控系统故障自诊断显示　表 2-9

前后顺序	发光二极管（LEDS）	故障部位及原因	前后顺序	发光二极管（LEDS）	故障部位及原因
1	红绿红 ○○○ 断断断	电源系统或控制系统	4	红绿红 ○○● 断断通	调速电机断路
2	红绿红 ●○● 通断通	调速电机有部分短路	5	红绿红 ●●○ 通通断	调速电机电位器异常或电机失调
3	红绿红 ●○○ 通断断	蓄电池继电器有短路	6	红绿红 ●●● 通通通	燃油控制盘电路异常

（3）若电子控制系统存在两种以上的故障，发光二极管将按照表 2-9 中的前后顺序进行显示。

（4）当故障被排除后，自诊断系统的显示将停止。

3. 工程机械故障诊断专家系统

随着工程机械的不断发展，机、电、液一体化技术应用越来越广泛，对工程机械的故障诊断及维修提出更高的要求。依靠传统的检查故障方法已经不能满足现代工程机械故障诊断与维修的要求。此外，即使借助各种检测仪器能够提高工作效率及维修质量，但这与维修人员自身的素质、经验及运用检测仪器的水平也有很大关系。故障诊断专家系统是一个将专业理论知识以及许多专家的维修技能知识、经验整合成的一个综合故障诊断系统，其计算机系统通过对传感器传来的各种电信号进行分析、比较、计算等处理，输出机械技术状况的信息，从而指导工程机械操作与维修人员了解机械的技术性能指标，对机械进行故障的预测、预防、预报，对已出现的故障报警，并指导维修人员判断故障。

工程机械故障诊断专家系统由采集机、中继机和分析处理机组成。采集机安装在工程机械上，其主要功能在于数据采集、临时存储、机械故障再现报警等；中继机是采集机与分析处理机的数据传递设备；分析处理机对数据进行分析、处理并输出。三者关系见图 2-69 所示。

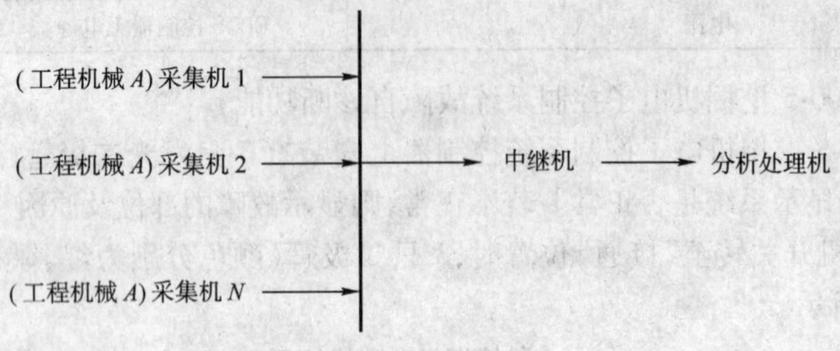

图 2-69 故障诊断专家系统关系图

系统在停机时数据采集机处于待命状态，依靠自身所带的电源保持数据。工程机械驾驶操作人员无法改变采集机所存储的数据，可保证采集数据的真实性和可靠性。而工程机械处于工作状态时，采集机立即采集各传感器传来的各种数据并存储。此系统的硬件系统组成，如图 2-70 所示。

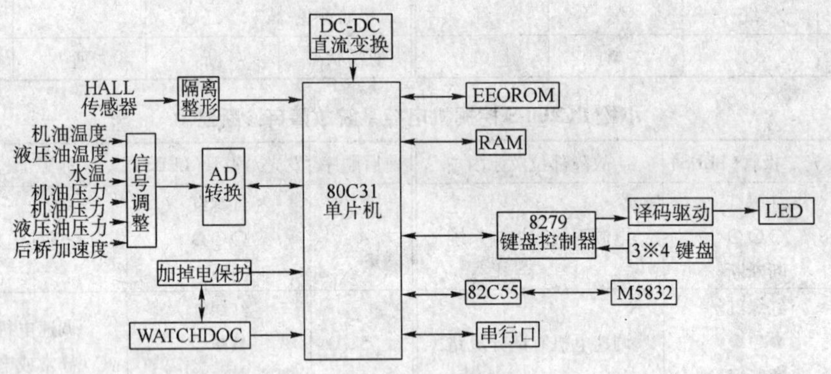

图 2-70 采集机硬件结构原理图

该系统的软件系统包括采集机处理系统、中继机处理系统和分析处理机系统三部分。采集机系统主要功能有：工作模式识别、传感器智能识别、数据采集、存储满提示和数据越限报警、中继机单行通信、维修调试等。中继机处理系统主要功能有：接收采集机数据并传递到分析处理机，读、显示和修改采集机构的时钟等。分析处理机系统主要功能有：数据查询、数据的综合统计与故障趋势分析、机械状态提示和结果输入、输出等功能。

复习思考题

1. 电压和电动势有什么区别？

2. 结合欧姆定律和克希荷夫定律求解：

在图2-71电路中有多少支路和节点？参见图示已知条件，请问U_{ab}和I是否等于零？

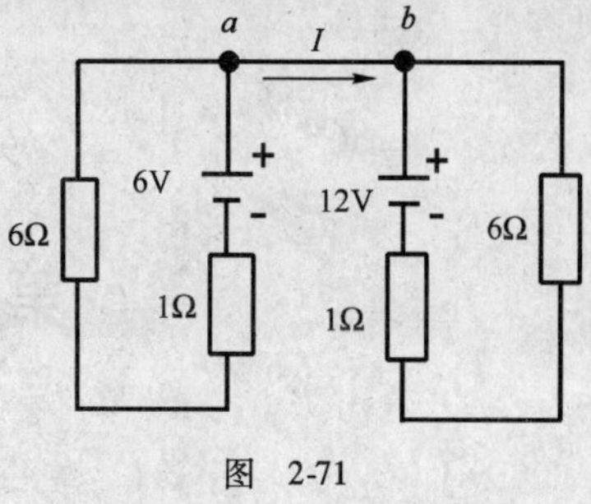

图 2-71

3. 现代工程机械电气与电子控制装置的种类按其作用可分为哪几个部分？

4. 工程机械电气与电子控制装置有哪些主要特点？

5. 为什么在工程机械上进行电焊维修时，在焊接前必须断开电源总开关及控制单元的线束插接件？

6. 工程机械电路图的表达形式有哪些主要类型？

7. 如何识读工程机械产品的线路图或原理图等电路图？

8. 蓄电池的主要用途有哪些？

9. 蓄电池分别在什么状况下需要添加蒸馏水或者需要添加电解液？

10. 影响摊铺机性能好坏的电控系统有哪几种？

11. 电工电路的工作状态分别有哪几种？对电路的工作各有哪些影响？

12. 为什么PN结具有单向导电特性？

13. 三极管有哪两种类型？三极管的导电区分别是哪三个？

14. 三极管在什么情况下处于短路状态或开路状态？

15. 工程机械的主电源分别指的是哪两个？

16. 简述工程机械电子控制系统的组成和作用。

17. 工程机械电路图的表达形式有哪几种？各有哪些特点？

18. 简述工程机械起动系统的组成及作用。

19. 对于轮式工程机械，哪些照明装置是强制规定安装的？

20. 为什么说电子显示组合仪表已逐渐成为工程机械仪表发展的主流？

21. 电子显示装置的特点有哪些？

22. 摊铺机自动调平电控系统的基本工作原理是什么？

23. 自动诊断技术主要运用在工程机械上的哪些地方？

第三章　路桥施工供电

第一节　路桥施工供电概述

在路桥施工中,使用的能源主要是电能,施工现场的电力供应是保证实现高速度、高质量工程施工作业的重要前提。因此,在施工组织设计中,必须根据施工现场用电的特殊性,从节约用电、降低工程造价,保证工程质量和安全生产着手,进行周密的考虑和安排。

路桥施工工地用电与一般工厂用电比较,相似之处是用电设备主要是动力设备和照明设备,采用工频220/380V电压;不同之处是施工工地的用电设备移动性较大,环境较为恶劣,临时性强,负荷变化较大。

大量的工程实践表明,路桥施工供电主要应考虑到下列几个方面的问题。

(1)选择合适的电源。合适电源的选择有两种方案,一种是电网供电,这是首选方案;另一种是在施工现场距电网较远,或施工期较短,用电量不大而附近单位的变压器容量又没有裕量时,采用交流发电机作为电网供电的备用电源。

(2)施工工地总用电量,以此选择配电变压器或发电机组的容量。

(3)电源的最佳位置。

(4)供电干线支路线和干线在平面图上的布局。

(5)配电导线截面积计算。

(6)电力供应平面布置图。

第二节　电　网　供　电

一、配电基本过程

发电厂发电机产生的电压,通常为6.3kV、10.5kV、13.8kV。电能的传输、配电基本过程如图3-1所示。为了减小电能在传输途中线路对电能的损耗,必须经过升压变压器升压后,采用高电压、小电流的方式向远处输送。我国常用的输电电压等级有35kV、110kV、220kV、380kV和500kV等多种等级。而用户在使用电能前,必须经过配电变压器再将电压降至220/380V,以便供负载使用。

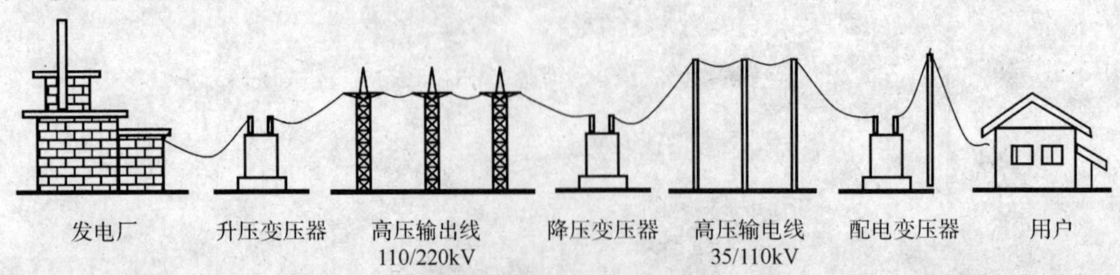

图3-1　从发电厂到用电户的变电、输电、配电过程

路桥施工工地用电，需要考虑的是从 6kV 或者 10kV 电压电源引入高压电，再用配电变压器降压到 220/380V，向负载供电。其中比较重要的是配电变压器型号的选择及配电变压器设施位置的确定。

二、用户变配电所的常用类型

用户单位的供电系统，按其用电性质和客观条件采用不同类型的变配电所供电。用户变配电所的常用类型如图 3-2 所示。

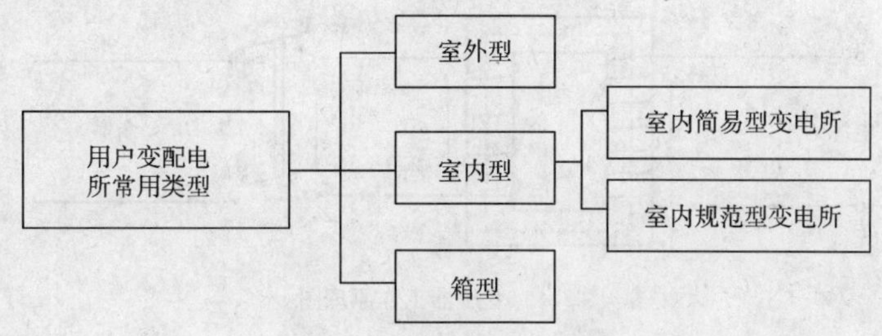

图 3-2　用户变配电所的常用类型

1. 室外型

这种变电所一般称为变电站。采用露天结构，变压器及主要配电设备均装于室外。主要适合于受电电压为 35 ~ 110kV 的用电单位。

2. 室内型

室内变电所是一般 10kV 用电单位的主要选择。所有高、低压设备和变压器均装于室内，有利于设备的运行和维护。根据其对供电可靠性的要求和用电负荷的大小，室内变电所分为简易型和规范型两种。

1）室内简易型变电所

室内简易型变电所适用于用电负荷较小，同时对用电的可靠性要求不高的一般电力用户。其高压室一般只安装变压器、高压熔断器、高压隔离开关等设备，不装设高压开关柜。

2）室内规范型变电所

室内规范型变电所适用于用电负荷相对较大、对供电可靠性要求较高的电力用户。一般根据变配电所规模的不同分高压开关柜室、低压开关柜室、变压器室、电容器室、值班室等功能结构，其高压侧装设高压开关柜，具有较完善的继电保护和自动控制装置及计量显示装置。

3. 箱式变电站

这种成型的变配设备是近几年发展研制而成的，是一种把高压开关设备、配电变压器和低压配电装置按一定接线方案组合在一起的紧凑型成套配电设备。具有成套性强、体积小、占地少、能深入负荷中心、提高供电质量、减少损耗、送电周期短、选址灵活、对环境适应能力强、安装使用方便、运行安全可靠、投资少等一系列优点。分为环网型和终端型两种。广泛应用于工业及居民电缆环网及供电终端。在户外、户内和道旁地面安装，特别适用于城市电网改造、高层建筑、地下设施、工厂、企业、车站、住宅小区、公路交通、建筑工地等场所。取代传统用电模式，是小型变电站的发展方向。目前较为典型的箱式变电站的外形如图 3-3 所示。

图 3-3　箱式变电站外形图

三、配电变压器

习惯上把高压配电线路末端的变压器称为配电变压器。配电变压器的作用是将较高的电网电压,降到220/380V,再分配到各用电设备。

1. 变压器工作原理

变压器是由铁芯和线圈两个基本部分组成。如图3-4所示,和电源连接的绕组叫初级绕组 W_1,与用电设备连接的绕组叫次级绕组 W_2。

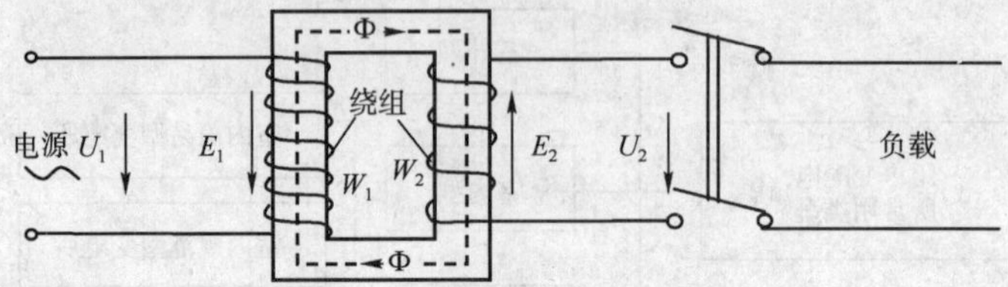

图3-4　变压器工作原理图

交流电流 I_1 流过初级绕组 W_1 时产生了磁通 Φ,通过次级绕组时在次级绕组内产生了感应电动势 E_2,其大小可以表示为:

$$E_2 = 4.44 f W_2 \Phi_m \tag{3-1}$$

式中:f——电源频率;

Φ_m——最大磁通值。

此时,次级绕组成为一个"电源"。初、次级绕组虽然没有电的联系,但电能通过磁通从初级绕组输送到次级绕组。初、次级绕组各量间的基本关系如下:

(1)初、次级绕组电压关系为

$$U_1/U_2 = W_1/W_2 = K_M \tag{3-2}$$

式中:U_1、U_2——初级、次级电压;

W_1、W_2——初级、次级线圈匝数;

K_M——变压比,$K_M > 1$ 时变压器降压。

(2)初、次级绕组电流关系为

$$I_1/I_2 = W_2/W_1 = K_I \tag{3-3}$$

式中:K_I——变流比,K_I 为 K_M 的倒数。

当负载电流 I_2 变化时初级绕组电流 I_1 也随之变化,I_1 的大小是由 I_2 决定的。

(3)若忽略变压器损耗,初级输送的功率 P_1 等于负载消耗的功率 P_2。变压器是一种效率较高的电气,在次级输出额定功率时,变压器的效率即可达到90%以上。

三相电路用的三相变压器和上述单相变压器的原理相同,只是构造复杂一些,有三个初级绕组和三个次级绕组。

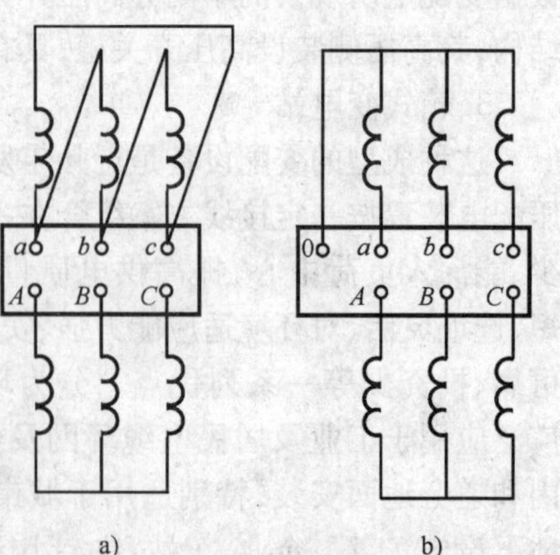

图3-5　三相变压器连接方法

a)Y,dII 连接;b)Y,yno 连接

工地上常用的三相电力变压器的初、次级绕组的连接方式为Y,yno,如图3-5b)所示。在负载严重不平衡的三相电路中,三相电力变压器的初、次级绕组宜采用

Y,dll 连接方式,如图 3-5a)所示。

2. 变压器的构造和技术指标

1)变压器的构造

变压器构造如图 3-6 所示,除铁芯和绕组两部分外还有高低压接线套管、散热装置、温度计等。

散热是变压器设计和使用的一个很重要的问题,常用变压器的散热方式有自冷和油冷两种。

自冷式变压器依靠空气的自然对流和本身的辐射来散热,这种方式的散热效果差,适用于小型变压器。

大容量的变压器均采用油冷式散热。即把变压器的铁芯和绕组全部浸在变压器油内,使热量通过箱壁散发到空气中去。为了增强散热效果,在箱壁上装散热管来扩大冷却面积。

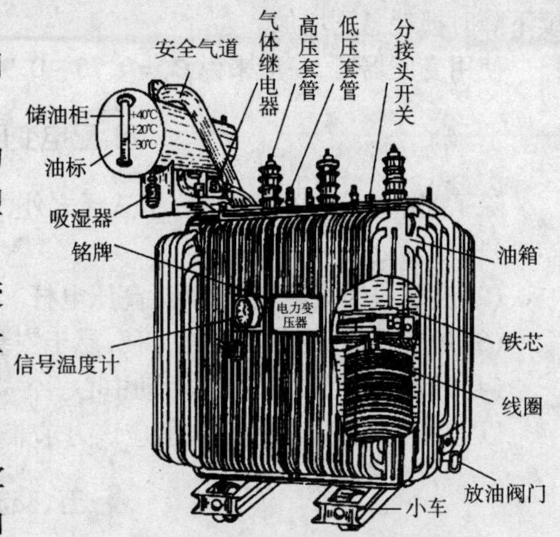

图 3-6 油浸式电力变压器构造图

大容量的变压器还装有贮油柜和防爆管。贮油柜是用来给油热胀冷缩留有空间,减少冷却油与空气的接触,以防止油氧化变质使绝缘性能降低。与油箱连通的防爆管是在变压器内部发生故障,油压增加到 50 ~ 100kPa 时,安全膜爆破,油喷出。从而避免了油箱破裂,减轻了事故危害。

2)变压器的技术指标

变压器的型号由两部分组成。前部分为字母,表示变压器的类别,结构特征,运行方式及用途等。后一部分为数字,其中分子表示额定容量(kV·A),分母表示高压供给的电压等级(kV)。

例 3-1 SL1-80/10 表示三相油浸自冷式铝线变压器,额定容量为 80kV·A,高压绕组的电压等级为 10kV。

变压器的主要参数指标为:

(1)初级绕组的额定电压 U_{1e}

U_{1e}指规定加在初级绕组上的最高电压值(在三相变压器中指线电压)。

(2)次级供给的额定电压 U_{2e}

U_{2e}是在初级电压等于初级额定电压 U_{1e},并且在变压器空载时,次级绕组两端的电压值(三相变压器指线电压)。

(3)初、次级绕组的额定电流 I_{1e}、I_{2e}

初、次级绕组的额定电流 I_{1e}、I_{2e}是允许长期通过的最大电流值(三相变压器指线电流),它们是根据变压器长期工作时允许温升规定的。

(4)额定容量 S_e

S_e 是指变压器工作在额定状态时的视在功率。对于单相变压器,S_e 为:

$$S_e = U_{2e} \cdot I_{2e}/1\,000(\mathrm{kV \cdot A})$$

对于三相变压器,S_e 为:

$$\sqrt{3}U_{2e} \cdot I_{2e}/1\,000\ (\mathrm{kV \cdot A})$$

(5)额定温升 T_e

T_e 指变压器允许达到的最高温度与环境温度之差(绕组额定温升为65℃)。变压温升过高会使变压器绝缘损坏。变压器的实际负载与额定负载之比称负载系数 β_0。

$\beta_0=0.5$ 时,变压器的损耗最小,温升最低;$\beta_0=0.3$ 时,变压器的损耗与满载时相等,β_0 继续下降时损耗急剧增加。

使用变压器时,一般来说 $\beta_0=0.75\sim0.90$,此时既能控制温升,又能充分利用变压器。

四、配电变压器的位置选择

除了配电变压器的型号、容量选择之外,还应按照下列原则选其最佳安装位。

(1)尽量处于负荷中心。

(2)高压进线方便,尽量靠近高压电杆。

(3)地势较高而干燥,运输方便,易于安装。

(4)远离交通要道和人畜活动中心。

以上各点,往往不可兼得,但应该力求兼顾。

五、交流发电机组

交流发电机在路桥施工中应用普遍。路桥施工工地所用的交流发电机组通常都是柴油发电机组,输出额定电压为400V,额定频率为50Hz 的工频交流电。该机组主要由柴油发动机、三相同步发电机和开关屏三大部分组成。开关屏上设有配电装置和电压表、电流表、功率因数表、频率表、功率表等仪表和各种指示灯,通过这些仪表和指示灯,能随时监测发电机组的运行状态。交流发电机组外形如图 3-7 所示。

1. 交流发电机的构造

交流发电机的构造如图 3-8 所示,主要由定子和转子两大部分组成。产生三相交流电的定子由铁芯、定子绕组、机壳、底座等构成。三相定子绕组由绝缘铜导线星形联接嵌在定子铁芯的槽内。

图 3-7 柴油发电机组外形图

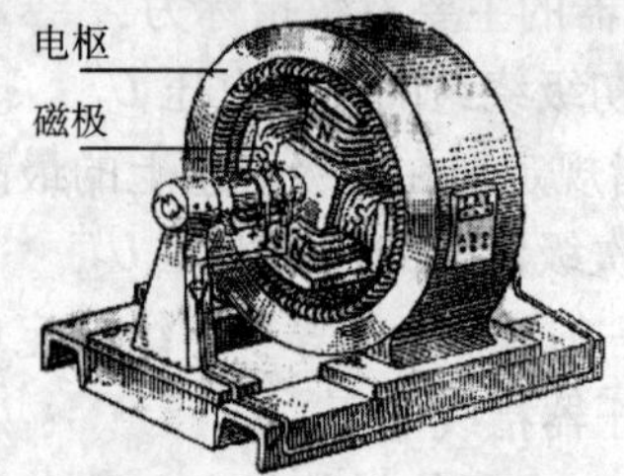

图 3-8 交流发电机构造图

在发电机内有产生磁极的转子,主要由转子绕组铁芯和转子轴构成。发电机的磁极对数 P,转速 n 与频率 f 的关系为:$f=P_n/60$。

我国的工频 f 为 50Hz,发电机的磁极对数只能是整数,由此可见,发电机额定转速对于确定的磁极对数而言是一个确定的值。如当磁极对数为 2 时,额定转速为 1 500rad/min;当磁极对数为 4 时,额定转速为 750rad/min。

2. 交流发电机的工作原理

在交流发电机中流经转子绕组的电流叫激磁电流。施工工地使用的柴油发电机组多采用无刷三相同步发电机。

其工作过程为，当柴油机配用的起动用蓄电池的电能，通过电力起动机将柴油发动机起动后，发电机的转子(磁极磁场)由柴油发动机带动旋转，发电机在转子剩磁的作用下，产生交流电动势，经整流变为直流后，向磁场绕组供电，使发电机的磁极磁场增强，以致发电机电压很快达到额定电压。在适当参数的配合下，就能准确地供给发电机在不同负载时所需要的激磁电流，因而能自动维持电压恒定(400V)。发电机的空载电压可通过改变电抗器上的连接片位置及调节整定电阻来整定。

3. 交流发电机组的使用注意事项

发电机组工作情况的好坏直接影响施工进程。因此在使用时应注意以下几方面。

(1)在起动发动机组前，应清洁表面，仔细观察电机内是否有异物存在，确认各部分正常后方能起动。

(2)起动运转后的空载转速一般由500rad/min逐渐增加到额定转速，整定机组的频率为规定值。低速运转时间不宜过长，以免自动调压器和磁场绕组长时间过载而损坏。

(3)当机组在额定转速，空载运行正常时，整定机组电压为额定值。

(4)机组在额定转速，额定电压空载状态下，待柴油机发动机的水温、机油温度达到规定值后(见发动机使用说明书)，方可向负载供电。此时，负荷应逐渐增加，不能突然骤增。停机时应逐渐减小负荷至零，然后停机。

(5)运行中要经常观察仪表指示是否正常，各部温度、声响是否正常，出现异常应立即停机检修。

(6)在几台机组需要并联运行时，应严格按照制造厂的使用说明书操作，否则会使发电机遭到严重损坏。

(7)如发电机因退磁不能发电时，可用蓄电池向磁场绕组通一下电，便可恢复剩磁。

(8)发电机不允许长期过载运行。因为当发电机长期过载时，定子和转子的温度将升高，甚至超过允许值，这将使发电机绝缘寿命下降。所以在发电机过载时，应通过限载措施，将负荷降到额定值以下。

发电机短时过载电流与允许持续时间如表3-1所示，使用中应注意控制不使其超载运行，更不允许长期超载，以免造成严重故障。

发电机短时过载电流与允许持续时间 表3-1

短时间过载电流(倍)	1.125	1.15	1.2	1.25	1.3	1.4	1.5	2.0
允许持续时间(min)	60	15	6.0	5.0	4.0	3.0	2.0	1.0

第三节 路桥施工供电设计

对于路桥施工供电的设计，这里通过一个实际的例子来进行说明。

例3-2 如图3-9所示是某大桥施工工地平面布置情况，其主要电动设备如下。

(1)修理车间

Z515台式钻床(0.75kW)一台，C620B普通车床(5.5kW)一台，G7016弓锯床(0.4kW)一台，Z3032×10摇臂钻床(1.5kW)一台，砂轮机(1.5kW)一台。

(2)拌和场

拌和楼(29kW),YZ160L-6 卷扬机(11kW)一台。

(3)木料加工场

砂轮机(1.5kW)一台,J109 木工圆锯机(13kW)一台。

(4)钢筋加工场

4-14 调直机(9.5kW)一台,钢筋弯曲机(6.8kW)一台,QJ40-1 钢筋切断机(5.5kW)一台,UZ1-25 对焊机(25kW)二台。

(5)食堂

鼓风机(0.5kW)四台。

(6)桥墩工地

YKT-36 液压控制台(7.5kW)一台,HBT70 混凝土输送泵(60.5kW)一台,FO/23B 塔式起重机(51.5kW)一台(暂载率为 25%),GHZ6-70 振动器(2.2kW)六台,BX1-330 电焊机(21kV·A)三台,BX1-135 焊机(8.7kV·A)二台,JDY-350 强制式搅拌机(19.25kW)一台。

对于这一实例,我们从几个方面逐一进行分析。

1.负荷估算

根据实际负荷的大小和特点,进行用电量的估算,是决定变压器容量或发电机输出功率以及选择其他低压电气和导线的依据。进行负荷估算时不能将各用电设备的额定功率直接相加,必须根据各用电设备的工作特点进行一系列计算。计算的方法有许多种,这里只介绍需要系数法一种。

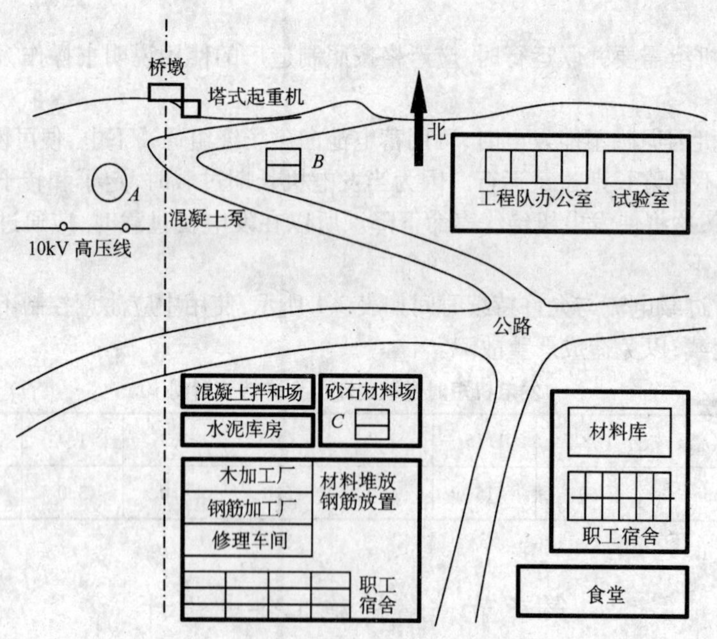

图 3-9 某大桥施工工地平面布置图

1)需要系数 K

实际施工中各种用电设备并不同时使用,即使同时使用的设备也不大可能同时达到满载。因此,通过大量的实践表明,在设计供电总量时可以根据各种不同设备的特点和使用数量,将其额定容量乘上一个折减系数,这个折减系数就称为需要系数,并由折减系数确定实际供电需求。对于用电设备的需要系数按照表 3-2 进行选取。

需要系数(K值)　　表3-2

用电名称	数量	需要系数		备注
		K	数值	
电动机	3~10台 11~30台 30台以上	K_1	0.7 0.6 0.5	1. 当设备为1~2台时,相应K值取1.0 2. 需要系数K_3、K_4适用于导线的选择
电焊机	3~10台 11台以上	K_2	0.6 0.5	
室内照明	—	K_3	0.8	
室外照明	—	K_4	1.0	

2)暂载率J_C

在电气设备中,有些设备是连续工作的,有一些设备是断续工作的,所谓暂载率就是工作时间与工作周期之比的百分值。

即

J_C=[工作时间/工作周期]×100%=[工作时间/(工作时间+停歇时间)]×100%

式中:工作周期=工作时间+停歇时间。

对于断续工作的电气设备,在进行用电量的估算前,应将其非规定暂载率时的额定功率换算为规定暂载率时的额定功率。工地上常用的断续工作设备主要有起重用电动机和电焊机。起重用电动机的规定暂载率为25%,若其暂载率不等于25%时,额定功率的换算公式为:

$$P_e = 2P'_e\sqrt{J_e} \tag{3-4}$$

式中:P_e——换算后电动机的额定功率(kW);

P'_e——换算前电动机的额定功率(kW);

J_e——换算前的暂载率以百分值代入。

电焊机的规定暂载率为100%,若暂载率不等于100%,按下式将其额定功率换算为暂载率J_C=100%时的额定功率:

$$S_{100e} = \sqrt{J_e} \cdot S_e \tag{3-5}$$

式中:S_{100e}——暂载率J_e=100%电焊机的额定功率(kV·A);

S_e——换算前电焊机的额定功率(kV·A);

J_e——换算前电焊机的暂载率,以百分值代入。

3)电动机的效率η与功率因数$\cos\varphi$

电动机铭牌上标出的额定功率是电动机的输出功率,由于电动机内部存在消耗,在估算电源容量时,必须计入。即电动机实际消耗的电能,大于其输出功率。电动机的输出功率与实际消耗的电功率之比称为有效效率,用η表示。施工工地电动机的平均η值为0.86。

工地上使用的电气设备大多为感性负载,如电动机等。感性负载存在与电源之间相互交换能量的现象,电源在某时间间隔内输给感性负载的电能,有一部分要反馈回电源,称之为无功功率。相应的负载实际消耗的功率为有功功率,有功功率与无功功率之和称为视在功率,有功功率与视在功率的比值称为功率因数,其表达式为:

$$\cos\varphi = P/S$$

式中：P——表示负载的有功功率(kW)；

S——表示视在功率(kV·A)。

显然，电源总量的设计，应以视在功率为基础。

4)施工用电量的估算

施工用电量的精确计算是比较繁杂的，实际可以按下式估算施工用电总量。

$$S_{总}=1.1\left(K_1\frac{\sum P}{\eta\cos\varphi}+K_2\sum S_{100e}\right) \tag{3-6}$$

式中：$S_{总}$——总用电量(kV·A)；

$\sum P$——各电动机额定功率的总和(kW)，其中包括暂载率 $J_C=25\%$ 时起重用电动机的额定功率；

$\sum S_{100e}$——暂载率 $J_C=100\%$ 时各电焊机的额定功率的总和(kV·A)；

$\cos\varphi$——电动机的平均功率因数，一般为 0.75～0.90，计算时取 0.85；

η——电动机的平均效率，可取 0.86；

K_1、K_2——电动机和电焊机的需要系数。

式中系数 1.1 是以照明用电占动力用电总量的 10% 进行的估算。

按照上式，本节所列举的某大桥施工工地总用电量为：

(1)确定系数

工地共有电动机 29 台，查表 3-2，取 $K_1=0.6$；电焊机 7 台，取 $K_2=0.6$。取 $\eta=0.86$；$\cos\varphi=0.85$。

(2)非规定暂载率电气的功率换算

查附表得 UZ1-25 对焊机的暂载率 $J_C=20\%$；$S_{100e}=J_C^{0.5}S_e=\sqrt{0.2}\times25=11.18$(kV·A)。

查附表得 BX1-330 电焊机的暂载率 $J_C=65\%$；$S_{100e}=J_C^{0.5}S_e=\sqrt{0.65}\times21=16.93$(kV·A)。

查附表得 BX1-135 电焊机的暂载率 $J_C=65\%$；$S_{100e}=J_C^{0.5}S_e=\sqrt{0.65}\times8.7=7.01$(kV·A)。

(3)计算用电总量

$$\begin{aligned}\sum P &=0.75+5.5+0.4+1.5+1.5+29+11+1.5+13+9.5+6.8+5.5+\\&\quad 0.5\times4+7.5+60.5+51.5+2.2\times6+19.25\\&=239.9\text{(kW)}\end{aligned}$$

$$\sum S_{100e}=11.18\times2+16.93\times3+7.01\times2=87.17\text{(kV·A)}$$

$$\begin{aligned}S_{总}&=1.1[K_1\sum P/(\eta\cdot\cos\varphi)+K_2\sum S_{100e}]\\&=1.1[0.6\times239.9/(0.86\times0.85)+0.6\times87.17]=274.13\text{(kV·A)}\end{aligned}$$

5)选择变压器

根据工地用电总量和高压电路等级查附表，选用 SL7-315/10 变压器 1 台。

6)选择发电机

若该工地选用发电机供电，由于工地用电量较大，负荷变化量也大，一般选用两台发电机组较合理。在这种情况下，应将发电机组布置在负荷相对集中的地方，以使布线距离最短，线损最小。本例中可一处设在桥墩工地，另一处设在混凝土拌和场。其计算方法如下。

桥墩工地用电量：

$$\sum P = 7.5 + 51.5 + 2.2 \times 6 + 19.25 + 60.5 = 151.95 (\mathrm{kW})$$

$$\sum S_{100e} = 16.93 \times 3 + 7.01 \times 2 = 64.81 (\mathrm{kV \cdot A})$$

$$\begin{aligned} S_{总} &= 1.1 \times [K_1 \sum P/(\eta . \cos\varphi) + K_2 \sum S_{100e}] \\ &= 1.1 \times [0.6 \times 151.95/(0.86 \times 0.85) + 0.6 \times 64.81] \\ &= 1.1 \times (124.72 + 38.89) = 179.97 (\mathrm{kV \cdot A}) \end{aligned}$$

桥墩工地选用200GF发电机组。

其余用电量为：

$$S = 274.13 - 179.97 = 94.16 (\mathrm{kV \cdot A})$$

拌和场处设置的发电机组选用120GF型。

2. 电源位置的确定

电源位置确定的基本原则为：

(1)电源为移动式发电机，应根据各个负载点实际用电量的多少，将发电机设置在负荷中心处，以使电能损耗、电压损耗和导线的消耗量减少。

(2)如果供电电源为电网，则应使变压器靠近高压电杆，以使高压进线方便，但低压供电距离一般不得大于700m。

(3)电源应设在工地的较高位置处，注意避开山洪口，以防洪水侵袭；电源处的地基要牢固，周围无化学废气和煤烟等。

(4)电源的设置位置应考虑电气设备的运输和安装问题。

(5)应考虑工程前后负荷多少及位置的变化，使电源尽量处于全工程中最大电能消耗的中心位置。

结合本节所举实例，主要动力消耗在桥墩工地，若选择电网供电，则应在图中所示位置 A 处布置配电房较为适宜，该位置既靠近10kV高压线，在电杆处引入高压线方便，又距桥墩工地较近。若选择发电机供电，则设置两处电源较为适宜。一处设在桥墩工地 B 处，满足桥墩工地的所有用电设备的用电需求；另一处设在图中的 C 处，满足修理间、混凝土拌和场、木料加工场、食堂用电的需要及照明、办公用电需求。

3. 低压配电线路

配电变压器输出线路为低压配电线路。从总配电盘到各分配电盘之间电路的基本形式有树干式和放射式两种，如图3-10所示。树干式优点是用料省，缺点是发生故障时影响面积较大，一般用在负荷较集中的场合；放射式优点是某一支路发生故障不会影响其他支路，一般用在负荷较分散的场合。

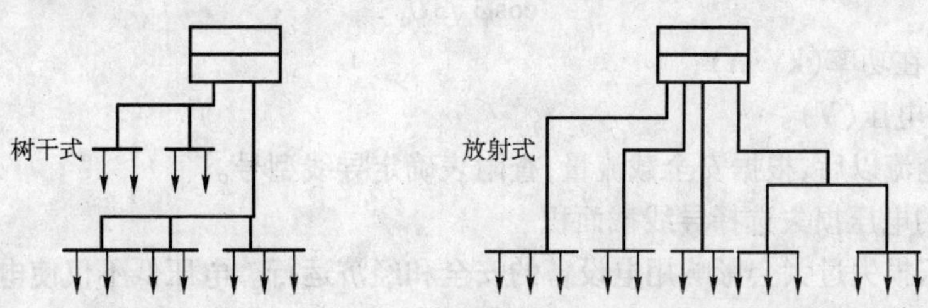

图3-10 配电系统基本形式

在施工现场也有同时用树干式与放射式混合的电路形式。低压配电的线路有架空线路和电缆线路两种，施工现场的配电线路一般都采用架空线，因为架空线工程简单、费用低、便于检修。为了保证供电可靠，安全和不间断，其线路的布置应满足以下基本要求。

(1)线路应尽量架设于道路一侧，以免妨碍交通。

(2)线路应尽量平坦、取直，以免电杆受力不均而倾倒。在横跨道路时应尽量垂直相交，跨越线路高度要满足图3-11所示的要求，并能使各种施工机械穿行不受妨碍。

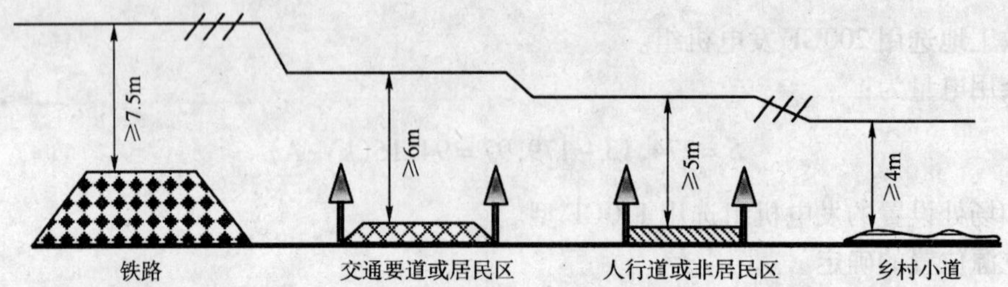

图3-11　线路跨越各种道路的净高值

(3)线路与建筑物要保持安全距离，其水平距离≥1.5m，距无门窗的墙≥1m。

(4)在220/380V的低压线路中，木电杆间距为25~40m。杆位应避开地下电缆、暗沟等。

(5)分支线和进户线必须由电杆接出。

(6)终端杆和分支杆的零线应采取重复接地，以减小接地电阻和防止因零线断线而引起的触电事故。

(7)线路的终端杆和转角杆要装拉线。

4. 导线的选择

为保证供电安全、经济及电压质量得到保障，配电线路的导线选用，须按发热、电压损失和机械强度三个标准来确定。对于电流较大，输电距离较短的线路，按发热标准选择导线截面积，对于输电距离较长的线路，按电压损失标准来选择；对较小电流的线路按机械强度标准选择。用上述某种标准选择出了导线截面积后，还应用其他标准校核，经校核如不符合标准就要增大导线的截面积。

1)发热标准选择截面积

导线的发热量与通过导线的电流强度及导线的电阻率、敷设方式等因数有关。附表综合考虑了上述因素的情况下，对各类导线和使用条件不同的同类导线，都规定了相应的允许电流值，即导线的安全载流量。一般取导线的安全载流量等于线电流 I_1。

线电流 I_1 为

$$I_1 = \frac{S_{总} 10^3}{\cos\varphi \sqrt{3} U_1} (\mathrm{A}) \tag{3-7}$$

式中：$S_{总}$——视在功率(kV·A)；

U_1——线电压(V)。

确定了线电流以后，根据安全载流量，查附表确定导线型号。

2)按允许的电压损失选择导线截面积

导线的电压损失过大会影响用电设备的安全和经济运行。电压低不仅使电动机的输出功率和效率降低，还会造成电动机过热而烧毁。在供电规则中规定，低压配电线路的电压波动值应为额定电压的±5%，临时供电时其值可以略大些，但不应超过8%。因此在布置工地配电线路时应尽量减少配送电电压降。按电压损失选择导线面积的简化公式为：

$$S=\sum(P\cdot L)/(\Delta U\cdot C) \tag{3-8}$$

式中：　S——导线的截面积(mm^2)；

$\sum(P\cdot L)$——同一条线路上的功率矩之和(kW·m)；

ΔU——允许的电压损失，指相对电压降，一般 $<5\%$，临时供电不大于 8%；

C——系数，见表 3-3；

L——输电距离(m)。

按容许的电压降计算导线截面公式中的系数 C 值　　表 3-3

线路的额定电压(V)	线路系统及电流种类	系数 C 值	
		铜芯	铝芯
380/220	三相四线	77.000	46.300
220	单相或直流	12.800	7.750
110		3.200	1.900
36		0.340	0.210
24		0.153	0.092
12		0.038	0.023

3)按机械强度选择导线的截面积

由于导线本身的重量以及风雨冰雪等外加压力，要求导线有一定的机械强度，以保证在安装和运行中不致折断。按机械强度选择导线截面积，这种方法很简单，直接查表 3-4 就可以确定。

导线按机械强度所容许的最小截面　　表 3-4

导线用途			导线最小截面(mm^2)	
			铝线	铜线
户外	裸导线		16.00	6.00
	绝缘导线	沿墙敷设	4.00	2.50
		其他方式	10.00	4.00
	照明装置用导线		2.50	1.00
户内	裸导线		4.00	2.50
	绝缘导线	暗敷设或明敷设固定点间距小于2m	2.50	1.00
	多芯软电缆、软电线	用于移动式用电设备	—	1.00
	双芯软电线用于移动式	用电设备	—	0.35
		用于吊灯	—	0.50

注：1. 当杆距 >40m，或在小区公用线路，最小截面应用 2.5mm^2。

2. 可根据具体情况采用小于 2.5mm^2 的 BBLX、BLV 型铝芯绝缘导线。

在以发热、电压损失、机械强度三个标准选择导线截面积时，应取其中最大的截面积作为依据，再从电线产品目录中选用等于或稍大于所求值的截面积的导线。

根据上述法则本节所列举的大桥工地的供电线路和支路数及导线截面积如下。

(1)第一支路(桥墩工地)

$$I_1 = S_{总} \times 10^3/(\sqrt{3}U_1\cos\varphi)$$

$$= (7.5 + 2.2 \times 6 + 16.93 \times 3 + 7.01 \times 2) \times 10^3/(\sqrt{3} \times 380 \times 0.85) = 152.85(\mathrm{A})$$

依据计算数据查附表，选用 $35\mathrm{mm}^2$LJ 型铝绞线。

按相对电压降校核：查附表得 $C = 46.3$。

$$S = E(P \cdot L)/(\Delta U \cdot C) = 85.5 \times 120/(8 \times 46.3) = 27.70\mathrm{mm}^2$$

电压降校核结果小于所选导线的安全载流量，因此，该支路选用 $35\mathrm{mm}^2$ 的铝绞线。

(2)第二支路(塔式起重机)

$$I_2 = S_{总} \times 10^3/(\sqrt{3}U_1\cos\varphi)$$

$$= 51.1 \times 10^3/(\sqrt{3} \times 380 \times 0.85) = 92.06(\mathrm{A})$$

依据计算数据查附表，选用截面积为 $16\mathrm{mm}^2$LJ 型铝绞线。

按相对电压降校核：

$$S = E(P \cdot L)/(\Delta U \cdot C) = 51.1 \times 128/(8 \times 46.3) = 17.66\mathrm{mm}^2$$

电压降校核结果大于所选导线的安全载流量，因此，该支路选用 $25\ \mathrm{mm}^2$ 的铝绞线。

(3)第三支路(混凝土泵工位)

$$I_3 = S_{总} \times 10^3/(\sqrt{3}U_1\cos\varphi)$$

$$= (60.5 + 19.25) \times 10^3/(\sqrt{3} \times 380 \times 0.85) = 142.26(\mathrm{A})$$

依据计算数据查附表，选用截面积为 $35\mathrm{mm}^2$LJ 型铝绞线。

(4)第四支路(其余工场)

$$I_4 = S_{总} \times 10^3/(\sqrt{3}U_1\cos\varphi)$$

$$= 87.95 \times 10^3/(\sqrt{3} \times 380 \times 0.85) = 157.21(\mathrm{A})$$

依据计算数据查附表，从配电房到拌和场选用截面积为 $35\ \mathrm{mm}^2$LJ 型铝绞线。

按相对电压降校核：

$$S = E(P \cdot L)/(\Delta U \cdot C) = 87.5 \times 244/(8 \times 46.3) = 57.81\mathrm{mm}^2$$

电压降校核结果大于所选导线的安全载流量，因此，该支路选用 $70\mathrm{mm}^2$ 的铝绞线。

从拌和场到钢筋加工场导线为：

$$I'_4 = S_{总} \times 10^3/(\sqrt{3}UI\cos\varphi)$$

$$= (14.5 + 44.16) \times 10^3/(\sqrt{3} \times 380 \times 0.85) = 104.86(\mathrm{A})$$

依据计算数据查附表，选用截面积为 $16\mathrm{mm}^2$LJ 型铝绞线。

从钢筋加工场到修理间导线为：

$$I''_4 = S_{总} \times 10^3 / (\sqrt{3} U_1 \cos\varphi)$$
$$= 9.65 \times 10^3 / (\sqrt{3} \times 380 \times 0.85) = 51.60(\text{A})$$

依据计算数据查附表，选用截面积为 $10mm^2$LJ 型铝绞线。按机械强度要求，查附表该线应改用 $16mm^2$LJ 型铝绞线。

到办公室、食堂、宿舍的用电可通过配电箱引出，导线选用 $10mm^2$BV 型铝芯线。

5. 电力供应平面图

电力供应平面图是施工组织设计的组成部分，是电气设备安装和检修工作的主要依据，是一种重要的技术文件。施工现场电力供应平面图是在施工场地平面图的基础上明确地标示出电气设备及线路设施。图中应标出电源位置、配电线路走向、导线型号、根数及截面积、配电箱位置、电杆和用电设备等。

配电线路的各支路应用文字符号标注，如文字符号 3N-50Hz380VLJ3×120+1×50。表示三相交流电路 50Hz，380V，三根导线截面积为 $120mm^2$，中性线截面积 $50mm^2$ 的铝绞线。

配电线的表示方法如图 3-12 所示。对应实例，图 3-13 是以图 3-9 某桥梁工地的施工平面图和用电设备情况，通过确定电源形式、估算出用电总量、确定变压器型号和变压器位置，并确定供电干线支路数、布局及各配电导线的型号和截面积，然后绘制出的电力供应平面图。

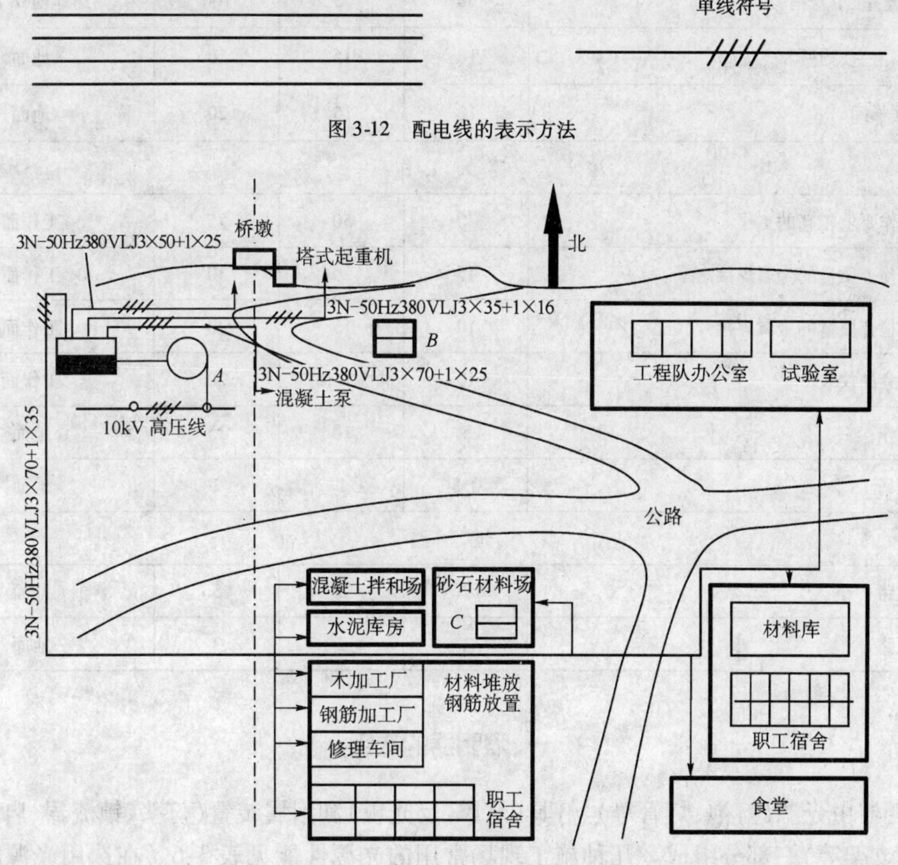

图 3-12　配电线的表示方法

图 3-13　某桥梁工地施工电力供应平面图

第四节 工 地 照 明

路桥施工场地的照明质量,直接影响夜间施工质量、生产进度和安全等问题。为此,施工现场照明器的合理选用及布置设计,也是施工技术人员在组织工程施工中应予重视的问题。

照明质量最重要的标准是照度合理和限制眩光。人的眼睛看强光、闪烁的光或者交替观察亮度差异太大的地方时,会感到不舒适、视力减退,这种现象叫眩光。为保证施工场所的照度合理,表3-5按《建筑照明设计标准》(GB 50034—2004)推荐了几种工地场所的照度标准值。

露天场所和常用房间的照度标准值 表3-5

名称	照度标准值(L_X)			规定的照度平面
	低	中	高	
设计室	200	300	500	距地面0.75m
阅览室	150	200	300	距地面0.75m
办公室、会议室、资料室、医务室	100	150	200	距地面0.75m
车间休息室、单身宿舍、食堂	50	75	100	距地面0.75m
更衣室、浴室、厕所	10	15	20	地面
信道、楼梯间	10	15	20	地面
露天工作				
视觉工作要求较高的工作	30	50	75	工作面
用眼睛检查质量的金属焊接	15	20	30	工作面
用仪器检查质量的金属焊接	10	15	20	工作面
间断观察的仪表	10	15	20	工作面
装卸工作	5	10	15	地面
露天堆场	0.5	1	2	地面
道路				
主要道路	2	3	5	地面
一般道路	1	2	3	地面

一、照明器的选用

照明器由光源(灯泡、灯管等)、灯具(灯罩、反光板)和附属装置(灯头、镇流器、启动器、防护装置、支架等)三部分组成。几种施工现场常用的光源性能见表3-6。在选用光源时,应根据工地的具体情况,要求和光源的性能特点,选择实用、经济、可靠、性能好的光源。

几种光源的性能比较表 表3-6

名称	发光原理	功率范围（W）	发光效率（lm/W）	平均寿命（h）	表面温度（℃）	功率因数（cosφ）	启动/再启时间（min）	启动器件	性能特点
白炽灯	白炽发光充惰性气体或保持真空	10 ~ 1 000	6.5 ~ 19.0	1 000	高达600（500W，灯泡垂直向上）	1	瞬时	无	闪烁很小，能瞬时点燃，频繁开关对寿命的影响很小，调旋光性能好，显色性能好。但和日光有较大差别，结构简单，价格低，使用方便
卤钨灯	白炽发光充惰性气体和卤元素	50 ~ 2 000	19.5 ~ 21.0	1 500	约600	1	瞬时	无	和白炽灯类似，只是光色有改善（红光减少）发光效率有所提高，价格较高，耐振性差
荧光灯	气体放电充汞和氩气	4 ~ 100	17.5 ~ 60	700 ~ 3 000	约40	0.53（40W）	1 ~ 4/1 ~ 4	镇流器 启动器	发光效率高，寿命长，日色光，冷光源，但功率因数低，初投资大，闪烁大，发光效率和起动特性受环境温度、电源电压的影响大，频繁开关对寿命的影响大
高压汞灯（外镇式）	弧光放电充汞和氩气	50 ~ 1 000	30 ~ 50	2 500 ~ 5 000	400 ~ 500	0.65（1 000W，外镇）	4 ~ 8/5 ~ 10	镇流器	和荧光灯类似，只是寿命更长一些，功率大，启动、再启动时间长，属热光源，放电管内的压力高
高压汞灯（自镇式）	弧光放电充汞和氩气	250 ~ 750	22 ~ 30	3 000	400 ~ 500	0.9	4 ~ 8/3 ~ 6	无	基本同上，差别是发光效率、寿命较低，光色有改善，无镇流器，使用方便
钠、铊、铟灯	弧光放电充汞和氩气，另外又流入了金属卤化物	400 ~ 1 000	70	1 000	100 ~ 1 000	0.45（1 000W钠铊铟灯）	4 ~ 8/10 ~ 15	镇流器/漏磁变压器/专用触发器	和高压汞灯类似，只是光色大大改善（白色）发光效率高
镝灯		250 ~ 480	72	1 000 ~ 1 500					
高压钠灯	弧光放电，充入汞惰性气体和钠	250 ~ 400	90	5 000	约650	0.40（250 ~ 400W）	4 ~ 8/10 ~ 15	镇流器/漏磁变压器/专用触发器	发光效率最高，寿命长，但显色性差，功率因数低，光线颜色为金白色（高压钠灯）和黄色（低压钠灯），属热光源
低压钠灯	弧光放电，充惰性气体和钠	18 ~ 180	100 ~ 150	1 000 ~ 5 000	约270	0.3 ~ 0.4	8 ~ 10	镇流器/漏磁变压器/专用触发器	
氙灯	弧光放电充氙气	1 500 ~ 50 000	20 ~ 31	500 ~ 1 000	600 ~ 800	0.9	瞬时	镇流器/漏磁变压器/专用触发器	功率最大，光色接近日光，能瞬时点燃，属热光源，有紫外线辐射

二、照明器布置要求

夜间施工的工作面上应有足够的照度，以保证工程质量与人身的安全。因此，应先选择适当的光源，灯具的安装布局应合理，如在悬崖、陡坡、壕沟以及地下施工时，照明器的布局应以方便、安全为重。同时还要注意限制眩光。

聚光灯的安装高度与俯角(α)应适当，如图 3-14 所示。在照射距离不变的情况下，当安装高度增加时，俯角(α)增大，阴影缩短，眩光减轻，此时光照区内照度高，但光照区变小。安装高度降低时，光照区增大，但眩光增强。聚光灯的安装高度一般为 15m 以上，俯角可根据需要进行调节。在场面宽的施工地带，灯杆宜布置在地带两侧，并错开排列，相邻灯杆的间距与灯高之比为 6 ~ 8 时最为适宜。

高压汞灯，碘钨灯的功率一般都较大，发光强度较高，所以也应安装得高一些，减少眩光。

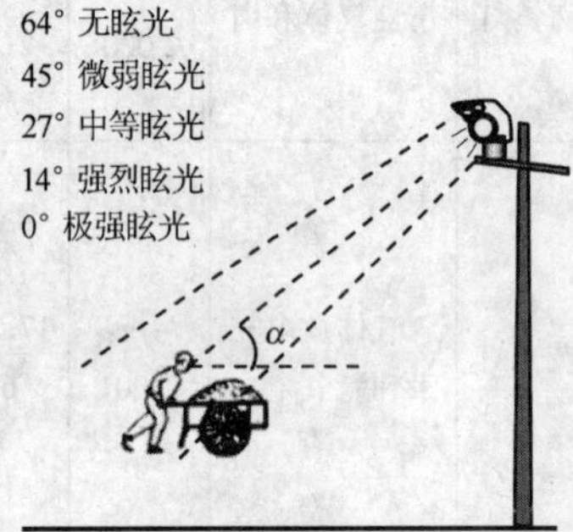

图 3-14　聚光灯的俯角

三、照明电源和线路要求

工地照明的电源可由附近的低压配电干线的电杆处引线，先进入配电箱，再分配给各照明器，配电箱内应配有负荷开关、熔断器和指示灯等。配电箱应注意防雨、防潮、防尘。照明用电量较大时，应将照明负载尽量平衡分配在三相电源上。每单相支线上的照明器和插座不宜超过 25 个，支路上的电流不应超过 15A。这是为了提高供电的可靠性，避免一处短路造成大面积停电。同时也防止在支路上只有个别照明器工作的情况下，熔丝的额定电流相对过大，致使保险效果差。

在隧道工程照明或潮湿的地下施工照明，都应采用 36V 以下的安全电压。其电源可以是蓄电池，也可由行灯变压器获得。

工地临时照明配电线路一般力求结构简单、方便、节省费用，但必须满足电气工程技术的起码技术要求，确保供电可靠安全。线路使用绝缘导线，必要时可用橡套电缆，并尽可能架空，不要拖在工地上。如不得已必须放在地上时，一定要敷设保护层，以防损坏而致使发生触电事故。

复习思考题

1. 把高压电引入工地配电房应需哪些主要电气设备？
2. 什么叫变压器的负载系数？使用变压器时，负载系数应取多大为好？为什么？
3. 试述交流发电机组的工作过程？
4. 为什么发电机低速运转时间不宜过长？
5. 什么叫做三相四线制系统和三相三线制系统？各用在什么场合？
6. 某三相平衡负载，其额定相电压为 220V，每相负载中的额定相电流为 30A，功率因数 $\cos\varphi = 0.90$，如将负载接入线电压为 380V 的三相电源上工作。问应采用哪种连接方法？负载从电源取用多少电流？负载从电源取用的功率又是多少？
7. 三相异步电动机，采用星形连接，接在线电压为 380V 的三相电源上，已知电功率为

3kW，功率因数 $\cos\varphi=0.86$，求电动机取用的线电流？

8. 图 3-15 为一桥梁工地施工平面图。

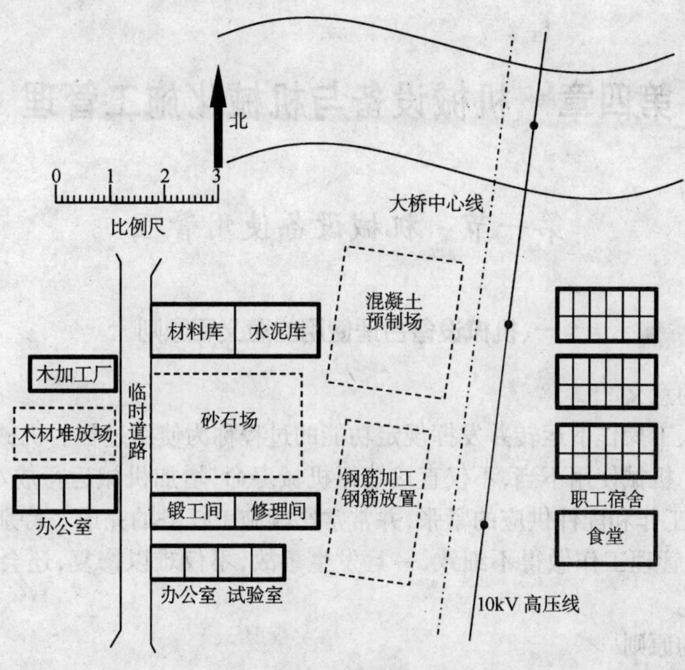

图 3-15 桥梁工地施工平面图

其用电设备清单如下。

(1)桥位工地：冲击钻机(20kW)1 台，钻孔机(40kW)1 台，强制式搅拌机(15kW)6 台，插入式振动器(1.1kW)6 台、(2.2kW)2 台，电焊机(21kV·A)1 台、(8.7kV·A)1 台；卷扬机(4.2kW)1 台、(7.5kW)1 台；

(2)混凝土预制场：搅拌机(10kW)1 台、(7.5kW)1 台，振动器(1kW)4 台，插入式振动器(2.2kW)4 台，卷扬机(4.2kW)1 台；

(3)钢筋加工场：钢筋调直机(9.5kW)1 台，钢筋弯曲机(2.8kW)1 台，钢筋切断机(3kW)1 台，对焊机(9kV·A)1 台；

(4)修理间：电焊机(21kV·A)1 台，台钻(2.2kW)1 台，砂轮机(1.5kW)1 台，鼓风机(0.5kW)1 台；

(5)木工场：圆锯机(4.5kW)1 台，木工压刨床(3kW)1 台，手电钻(1kW)1 台，(0.5kW)1 台；

(6)食堂：鼓风机(0.5kW)2 台。

试作施工供电设计(分别采用两种供电形式，各作一套供电方案)。

第四章　机械设备与机械化施工管理

第一节　机械设备使用管理

一、机械设备合理使用的意义和原则

1. 合理使用的意义

机械设备在人工操作下运转并发挥规定功能的过程称为使用过程。机械使用是产生有形磨损的主要过程。机械使用不当,不仅直接缩短机械寿命,增加机械运行成本、修理次数和费用,还会造成修理工作和配件供应的紧张,并常常影响施工任务的完成。特别是进口的关键机械设备,如果使用管理工作做得不细致,一旦发生事故,不仅难以修复,还会严重影响施工生产,造成巨大损失。

2. 合理使用的原则

衡量机械设备使用合理的主要标志是:首先应按照施工特点的实际需要配备适量的机械设备,并使之成龙配套,互相协调和合理调度;其次是使机械设备的性能和生产能力与工程的性质和任务一致,以便取得较好的经济效果;最后应制定并切实贯彻执行一整套操作、安全、保养、维修等规章制度,建立能充分发挥机械效能的环境条件等。

为了达到上述要求,在实际使用机械时,应贯彻下列原则。

(1)合理组合:工程施工通常多是由多台机械联合作业,要把合乎使用的机种,在数量、性能和容量上按比例合理配套,组成高效的组合机群。

(2)强化调度:施工现场情况多变,要使施工机械配套完全合理是极困难的,也是暂时的。只有采用科学方法和先进手段,加强现场调度,才能使机械设备经常调整到合理的使用状态。

(3)科学合理使用:应根据性能使用机械,既要防止大马拉小车,也要防止未经核算的超负荷使用;应按规章操作、保养和维修机械;应配备合格的司机操作机械,特别是一些进口机械设备应选择业务素质高的人员操作,并进行业务培训。

(4)正确使用能源:按照机械使用说明书的规定使用能源,电动机械要在规定的电压和负荷下工作,内燃机要用规定牌号的燃油,润滑系统要加足规定使用级和黏度级的润滑油料,并保证油质。

二、工程机械的使用计划及一般规定

为达到合理使用机械进行机械化作业,降低机械的使用成本,应对机械的使用进行科学的计划并做严格的经济分析。

1. 选择工程机械的经济分析

选择机械经济分析的依据是机械施工总费用,应尽可能选择机械施工总费用低的机械,以降低施工成本。根据机械施工总费用的不同,分以下两种情况讨论。

1)简单经济分析

若机械施工总费用中不含与机械承担的工程量大小无关的(固定的)费用时,仅比较机械施工总费用或机械完成单位施工量所需的费用,选择费用低的机械经济性好。

2)盈亏分界点经济分析

机械施工总费用中包含与机械承担的工程量大小无关的(固定的)费用,例如:(1)机械消耗费的固定部分;(2)平整工作面、整平施工便道等辅助性费用,它是主体机械在投入施工前,为使主体机械顺利施工而消耗的费用。这时可采用盈亏分界点经济分析方法。

设:F 为机械施工总费用,则

$$F = A + BX \tag{4-1}$$

式中:F——机械施工费用(元);

A——与工程量大小无关的固定费(元),与所选择的机械有关;

X——施工工程量;

B——单位工程量需的机械费用(元/单位施工量),可由下式计算。

$$B = \frac{C}{D} + G \tag{4-2}$$

式中:C——机械台班费(元);

D——机械台班定额施工量;

G——单位工程量的工人附加工资费(元/单位施工量)。

通过上面的讲解,对于机械 a 有:$F_a = A_a + B_aX$,对于机械 b 有:$F_b = A_b + B_bX$。

如图4-1所示,假设 $B_a > B_b$,$A_a < A_b$,则两条直线有一交点,其横坐标为

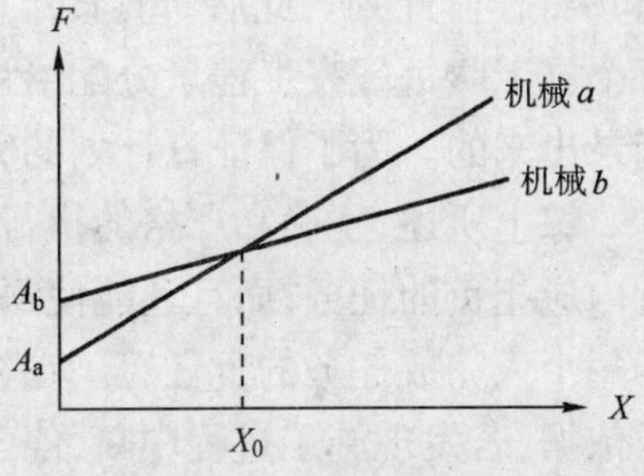

图4-1 盈亏分界法

$$X_0 = \frac{A_b - A_a}{B_b - B_a}$$

由图可知:

当 $X < X_0$ 时,选用机械 a 比较经济;

当 $X > X_0$ 时,选用机械 b 比较经济;

当 $A_a = A_b$ 时,选用 B 值小的机械经济;

当 $B_a = B_b$ 时,选用 A 值小的机械经济。

2. 机械使用计划的编制

1)机械作业计划

施工组织设计与机械化施工计划都是在施工以前开始编制的,编制时不可能预测出施工过程中所发生的各种变化,也不可能计划或考虑到每个执行人及其劳动生产率。因此,这些年度、季度计划,需要定期修改并加以具体化,使其更切实际,并使施工人员有充分的资料来直接组织施工。

为了使施工人员清楚在每季度、每月、每旬甚至每日应该如何开展施工,并因地制宜地贯彻计划,就必须编制作业计划(作业计划是按月、按旬或按日编制的)。这一计划能够起到具体指导施工工作和检查督促施工任务完成情况的作用。

2)作业计划中机械需要量的核算

编制季度计划,计算机械需要量时,可按下列公式计算:

$$N = \frac{Q}{A \cdot B} \tag{4-3}$$

式中:N——机械数量;

Q——季度工程量;

A——机械台班工作量定额;

B——工作天数(或台班数)。

3)月度作业计划

月度作业计划,一般由基层施工队伍根据季度机械使用计划并结合本月实际情况,在本月度为每个具体执行机械(队、班)编制月度作业计划,并在计划中说明在计划月度内应完成的各种工程的数量。编制前还应考虑上月工程完成情况,如果上月份有未完成的遗留工程,在编制本月份计划时应把这部分遗留工程编入计划内,并考虑和指出如何来完成整个计划的办法和措施。

4)旬或日作业计划

为了使计划更具体化,在编制月度作业计划的基础上还应进一步为各班、组制定旬(或周)、日作业计划。此后,旬、日作业计划还要落实到具体执行人——班长和施工组长等,即把每个施工队每昼夜工程量分配给该施工班组。这种计划是从单位工程的每旬(周)、日计划中摘录出来的。为了保证日计划的完成,必须不断地检查。

综上所述,正确和严格的执行机械作业计划,不但能使每个执行人明了每一旬(周)、每一日内应担负的任务,而且还能使每个施工队都有随时可供检查任务完成的依据,因而大大提高了每个人完成任务的责任感。在领导监督方面,有了作业计划,对监督检查工程完成情况也有了依据,若发现施工过程中断,停工待料等特殊情况时,可及时提出建议和采取措施。

三、工程机械技术保修管理

1.保养的意义

工程机械在作业中,不仅负荷变化频繁,而且常在无路或路况很差的场合工作,还要停放野外,这便使机械各部件经常受到摩擦、冲击、扭转、振动及剪切等力的作用,并遭受自然条件较严重的侵蚀。随着使用时间的增加,会产生活动部件磨损、连接部件松动、零部件疲劳破坏、表面锈蚀和非金属材料老化、润滑油质变差、滤网或油道堵塞导致润滑条件变差等不良现象。若继续使用,将发生更严重的磨损,生产效率下降,甚至出现严重机械或人身事故。因此,必须对工程机械进行有计划的保养,包括清洁、润滑、紧固、调整、防腐以及更换一些不能再用的磨损零件等工作,使工程机械经常在完好的技术状态下运转,保证使用的顺利进行,这对于提高工程机械使用的经济效益、降低成本、保障安全和延长使用寿命都具有重要意义。

2.工程机械技术保养的分类及定期保养制度

1)技术保养的分类

工程机械技术保养可分为:走合保养、例行保养(每班保养)、定期保养、换季及特殊气候条件下的保养、转移前保养、停用和封存保养等六类。

2)定期保养制度

作业机械使用到规定的台班,工作小时或里程后所要求进行的保养,称为定期保养。定期保养按间隔时间的长短,可分为一级保养、二级保养、三级保养。

从我国公路施工与养护单位开展保养工作的实际条件与可能出发,原交通部颁发的公路筑养路机械保修规程中规定:对大中型机械一般应采用三级保养制度。即一级保养(国产机械间隔200h,进口机械间隔250h),二级保养(国产机械间隔600h,进口机械间隔1 000h),三级保养(国产机械间隔1 800h,进口机械间隔2 000h);至于一些小型机械,如振动机、夯实机等可采用二级保养制(一级保养间隔600h,二级保养间隔1 200h);对关键、技术密集、稀有的进口设备,应参照厂家保修手册要求进行保养。

一级保养重点润滑、紧固、突出解决各滤清器的清洁。二级保养重点检查、调整。除要进行一级保养的全部内容外,还要从外部检查发动机、离合器、变速箱、传动轴、驱动桥转向和制动机构、液压和工作装置以及各类电器元件等的工作情况,必要时进行调整,并排除所发现的故障。三级保养重点检查、调整、消除隐患,平衡各部件的磨损程度。

3)工程机械设备的例行保养

每班的例行保养是实现安全运转和满负荷工作的保障条件。一般地,每种机械的使用说明中对每班例行的保养都有详细的规定和要求。下面介绍一种制度以供参考。

4)每班三检查一保养

(1)起动前检查;

(2)起动后和作业中的检查;

(3)作业后的检查和保养。

3. 每班工作三、三制

(1)上班三提前。提前检查水、油、气、电,提前做好每班例行保养工作,提前做好发动机械的准备工作。

(2)工作中三保养。保持正常油压,保持正常温度,保持刹车性能良好。

(3)下班三不走。保养、注油没做完不走,清洁不做好不走,工作附件不清理不走。

施工单位的施工机械种类繁多,结构性能差别很大,机器保养项目和技术要求往往大不相同,因此,具体保养机械时,依据原交通部颁发的《公路工程机械保修规程》中相应要求进行。

第二节　机械化施工安全管理

一、安全管理的内容及事故原因分析

机械设备逐渐取代手工工具而成为主要劳动手段的同时,大量的不安全因素也随之进入生产过程,如高压、高速、高温、噪声、粉尘、振动、辐射、有毒排放物、电击电灼等因素均使事故发生的频度增加,范围扩大。在工程机械施工的过程中,由于安全装备的等级、防护条件、生产部署的稳定程度等均要差一些,并且大多数是露天作业,劳动条件差,作业分散、交叉施工、现场机械组合复杂,所以安全管理问题也就更加突出。

1. 工程机械安全管理的目的及工作范围

安全管理的目的就是要在工程机械寿命的全过程中,采取各种形式的技术措施及组织措施,消除一切使工程机械设备遭到破坏,使人身健康与安全受到威胁,使环境遭到污染的因素或现象,避免事故发生,保护工人的人身安全及身体健康,提高工程机械运用的经济效益。工程机械的管理不仅单纯管机械,而且要管人、管环境。工程机械安全管理是一个综合系统的管理,即人—机—环境系统的管理。

工程机械安全管理的工作范围应包括：

(1)工程机械设备本身遭到不正常破坏的单纯的设备事故；

(2)由于工程机械设备发生事故而引起的人身伤亡事故；

(3)由于工程机械设备发生事故而引起的其他性质的灾害,例如火灾、停电、停产等；

(4)由于设备的原因(机械设备本身不一定发生事故)而引起的人身伤亡或职业病,以及对环境的污染等。

2. 工程机械安全事故原因分析

工程机械事故的发生,虽然带有随机的性质,但事后往往可以找到确切的原因,因此工程机械安全事故的绝大部分都是可以预防的。有关统计表明:由于机械设备本身在设计、制造、材质等方面存在的问题而造成的事故所占的比例是很小的,绝大多数的事故是由于使用不当而引起的,而其中违反操作规程则是最主要的。也就是说,工程机械安全事故的原因应该从"人"、"物"、"环境"三个方面进行分析。

(1)"人"的因素。凡是由于操作者、使用者以及组织、指挥、管理人员等方面的原因而造成的事故均属于"人"的因素。

(2)"物"的因素。所谓"物"主要是指工程机械本身还包括机械设备以外的安全装置、安全设施以及所使用的材质等。

(3)"环境"因素。环境的因素也是造成事故的一个原因,工程机械行业的机械设备大都不是固定安装的,因此往往不太可能始终为这些机械设备创立或保持一个比较良好的工作环境,在不合适的照明,温度,过度的嘈杂噪声,松软的地面,危险的道路坡度等的环境条件下,很容易发生安全事故。

二、工程机械设备的安全运行

工程机械设备的安全运行不仅直接影响到工程机械寿命,而且影响到国家和人民的生命财产安全,因此必须贯彻"安全为了生产,生产必须安全"和"合理使用,安全第一"的原则。从统计资料来看,97%的事故是可以预防的,而且在大多数情况下,机械设备安全事故的预防并不是一件在技术上特别复杂困难的工作,只有极少数的事故预防技术涉及到某些较为专门的领域。

既然引发事故的原因是多种多样的,因此我们对事故的预防也应采取多方面的措施。

(1)明确机务管理部门的职责,使机务管理部门结合管理权限负责好日常安全管理工作；

(2)定期地对工程机械进行安全检查,对机械操作人员进行安全教育；

(3)制定并贯彻机械操作人员和电工操作人员的安全守则；

(4)通过制定、修订安全操作规程,采用安全装置,对车辆进行安全检查等手段完善机械安全管理的技术措施。

三、安 全 用 电

1. 人体触电

施工工地用电通常为220V、380V,这远远超过了最高安全电压(36V)的规定,故用电安全问题必须予以充分重视。电对人体的危害,是由于人体接触带电物体时,电流通过人体时会造成各种生理机能的紊乱或破坏,如烧伤、肌肉抽搐、呼吸困难、昏迷、心脏麻痹以至死亡,这就是常说的触电。触电对人体的危害程度与通过人体的电流强度、频率、触电时间及流过人体的途径等因素直接相关。

2. 触电事故发生的原因

筑路工程施工作业过程中触电事故发生的原因可大致归纳如下。

(1)缺乏电气安全知识,随意触摸导线、电气设备、乱拉线、乱接线、乱接用电设备、超负荷用电等。

(2)违反操作规程,带电拉隔离开关或跌落式熔断器,用电设备不按规定接地(或接零),工地上不按要求架线等。

(3)电气设备的绝缘损坏,致使金属外壳及与之相连的金属构件成为带电物体。

(4)高压电网接地或防雷接地及某相导线断线触地并有电流流入地下时(电流向大地流散,以接地点为圆心,在半径为20m的圆面积内形成分布电位),当有人走近接地点,会造成触电事故。

3. 安全用电措施

为防止触电和雷击事故的发生,应以积极预防为主。其预防措施应以思想教育和技术防止措施两方面同时进行。

1)安全用电注意事项

在施工现场为保证用电安全,工程技术人员应特别注意以下事项:

(1)经常检查电气设备有无漏电、绝缘老化程度、有无裸露的带电部位和断线情况。特别是雨季、节假日和特殊天气前后更要仔细检查。

(2)沿地面铺设的临时导线在行人多的地方应穿入钢管内;高压设备和接地点周围应设护栏,并挂上警告牌。

(3)经常移动的照明灯,以及地下沟道照明灯,应使用36V以下的安全电压。

(4)应按要求选用熔断器,露天使用的开关应有防水装置。

(5)电气设备在运行过程中如温度、气味和声音等有异常应立即停电检查。

(6)电气设备的保护接地和保护接零应合理、可靠。

(7)电气设备工作时,如遇停电,应立即拉闸。

(8)设备拆除后,不应留有可能带电的电线,如必须保留,应将电源切断,并将线头包上绝缘胶布。

(9)告诫人们远离高压设备接地点,禁止在高压设备的接地点附近避雨。

2)电气设备的接地与接零保护

在正常的情况下,电气设备的外壳是不会带电的,但当电气设备的绝缘损伤时,其金属外壳就会带电,为防止因此而造成的触电事故,通常对电气设备的金属外壳采取接地与接零的保护措施。

(1)保护接零

路桥施工工地的配电变压器均采用三相四线制供电。我们将变压器三相星形联接的中性点直接用接地装置与大地可靠地连接的方法叫工作接地,如图4-2a)所示。在中性点接地的三相四线制系统中,将电气设备的金属外壳、框架等与接地中性线可靠连接的方法叫保护接零,如图4-2b)所示。

若一旦有一相线与外壳相碰时,由于电路中电阻很小,短路电流很大而使保护装置迅速动作,切断电源。这时即使有人触接外壳,由于人体电阻和人体与地之间的接触电阻较大,此时,不会有电流流经人体。

为了确保保护接零的可靠性,应注意以下几个问题:

①零线上不准装开关和熔断器,否则会造成零线断路失去保护接零的作用。

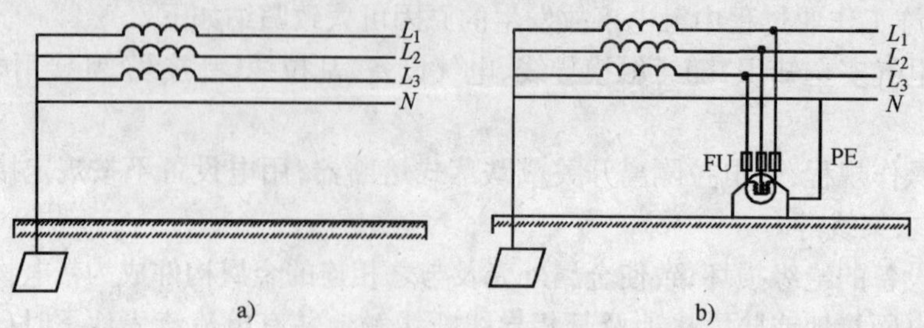

图 4-2　工作接地和保护接零

a)工作接地;b)保护接零

②图 4-3a)中假设 B 点不接地,若零线在 E 点断开,而 E 点以后的接零设备中有一台(如 M_3)外壳带电,这就会使 E 点以后的设备 M_3、M_4 的外壳都带电,这非常危险。而采用图 4-3a)的重复接地,在 M_3 外壳带电时,故障电流通过零线,接地体 R_3、R_1 回到零点,人体电阻比($R_1 + R_3$)大得多,故通过人体的电流极微小,从而保证了人的安全。

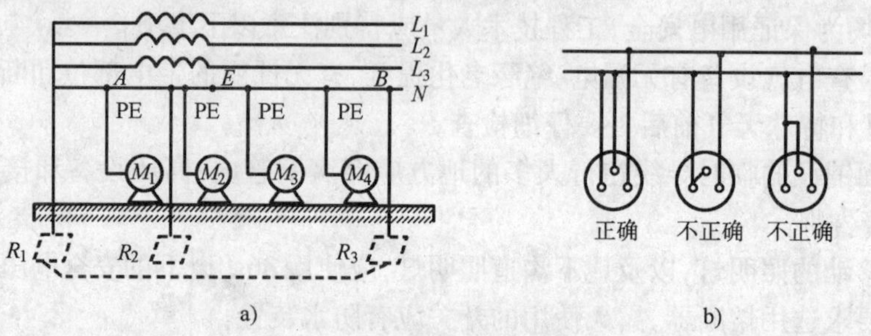

图 4-3　保护接零系统的接线

a)重复接地保护作用;b)保护接零的连接

③保护接零的接线见图 4-3b),注意保护接零的正确接线。

(2)保护接地

保护接地只能用于电源中性点不接地的配电系统中,如图 4-4 所示,即电器设备的外壳,框架等有接地装置与大地可靠连接。这样,即使电气设备外壳带电被人触及,因人体电阻远远大于设备的接地电阻(变压器为 4Ω,电动机为 10Ω),通过人体的电流极微小,由此保证安全。

要特别注意的是,在同一台变压器供电系统中,绝不允许有的电气设备接零,而有的电气设备接地,否则容易出事故,如图 4-5 所示。

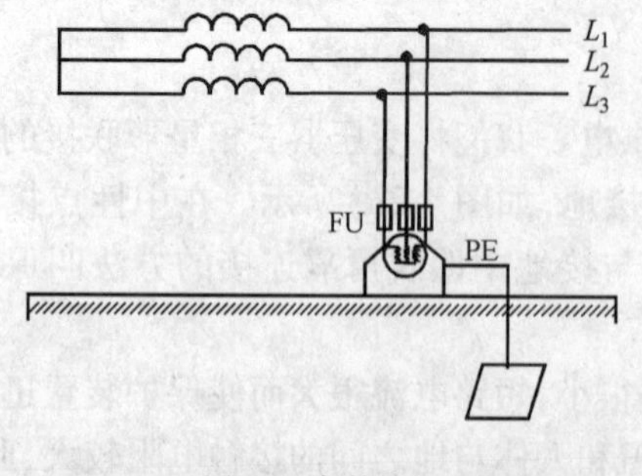

图 4-4　保护接地

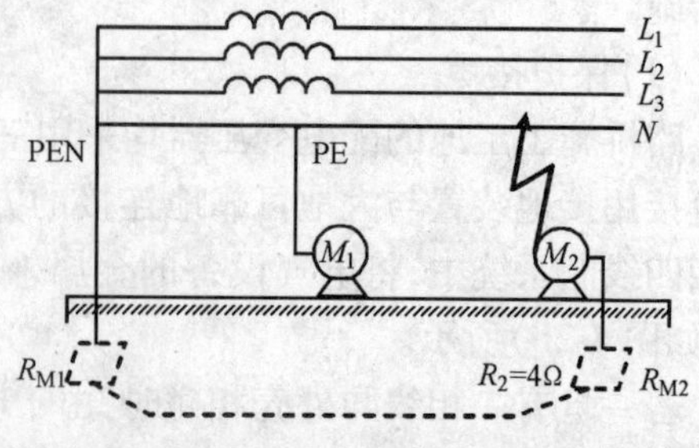

图 4-5　同时采用保护接地和保护接零

设 M_2 的外壳带电 220V，则故障电流通过 R_{M1}、R_{M2} 回到零点，设 $R_{M1}=R_{M2}$，则此时零线和所有接零设备的外壳对地电压是 110V，如果有人触接到图中 M_1 的外壳，就会造成触电。

4. 触电保安器

触电保安器是在人体触电时，能立即自动切断电源电路的装置。在经常被人触及的金属壳固定电器、临时配电线路、经常移动的电动机、手提电动工具及应采用安全电压而未能采用的场合都应考虑安装触电保安器，以防止人体的触电伤亡。

触电保安器分为电压型和电流型。电压型只能用于中性点不接地的系统，应用面较窄，工作也很不可靠，故不予介绍。

电流型触电保安器的主要技术指标有：输入电压(220V、380V)，动作电流(越小越好)，断电时间(从触电开始到电源切断的时间越短越好，目前国产保安器为 0.1s)，灵敏度(动作电流与断电时间的乘积要求小于 30mA·s)，额定负载电流(分阻性负载电流、感性负载电流从几安到几百安)，使用环境温度和保护性能等。选用触电保安器时应使上述技术指标满足使用要求。

使用保安器时应注意，触电保安器也有它的局限性。如果人体对地绝缘，只触及两根相线或一相一零时，保安器不动作，只有当相线和地之间有短路，漏电时才能动作。所以不要以为装了触电保安器，就麻痹大意。另外还须随时注意保安器是否工作正常。

5. 触电急救

触电急救工作应做到镇静、快速、方法得当，切不可惊惶失措。具体急救方法叙述如下。

1)快速脱离电源

当自己触电而又清醒时，首先是保持冷静，设法脱离电源，向安全地方转移。若他人触电时应迅速拉开电源开关。电源开关较远时，可用绝缘工具剪断、切断、砸断电源线。电源未切断前，决不能用手去接触触电者。同时还要防止摔伤、撞伤等第二次伤亡。

2)急救处理

触电人脱离电源后，神智清醒，但心慌无力，四肢麻木，应将其抬到通风处静躺 2 小时，并派专人守护观察病变，防止触电人惊厥狂奔，力竭而亡。如果触电者呈现昏迷，已停止呼吸，但心脏微有跳动时，应采用口对口人工呼吸法抢救；若呼吸和心脏跳动都已停止，则应采用人工胸外挤压法和口对口人工呼吸法交替进行抢救，人工呼吸和人工胸外挤压法示意及步骤如图 4-6 和图 4-7。触电急救有时需经相当长时间的持续救治才能见效，因此，决不可轻率停止抢救，只有医生才有权作出确已“死亡”、停止抢救的决定。

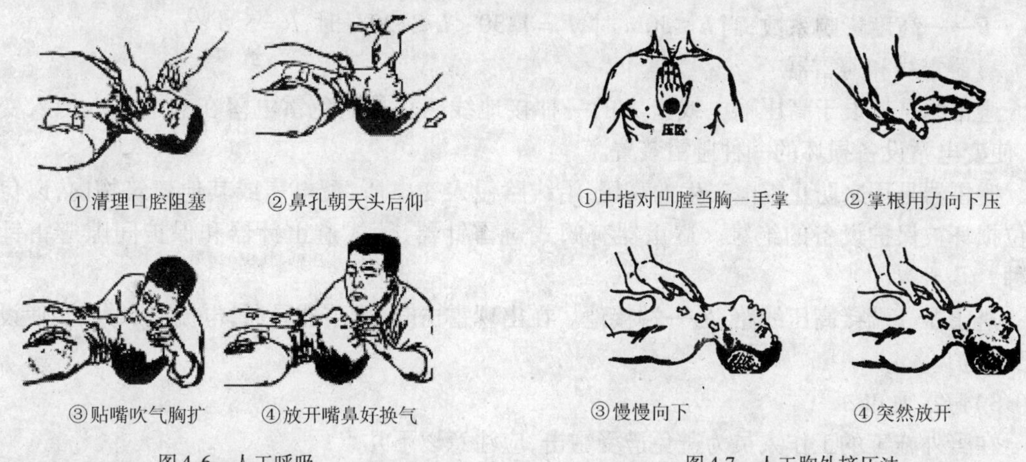

图 4-6　人工呼吸

图 4-7　人工胸外挤压法

6. 防雷

雷是大气中自然放电现象，它具有放电电压高（1～100kV）、电流强（20～200kA）和放电时间短（0.000 1～0.000 15s）的特点。所以受雷击时会引起热、电磁、机械、化学和静电作用，造成对人畜、建筑物、树木、电气设备的直接或间接破坏。为了避免或尽量减轻雷击的伤害，常采用避雷针、避雷线和避雷器进行防护。

1）避雷针

避雷针是架设于建筑物高处防止雷击的一种避雷装置。它主要是将雷击时的电流迅速流散到大地中，从而避免雷电直接击中被保护的建筑物。其保护作用具有一定的范围，因此应根据建筑物的大小和高度，来决定安装避雷针的高度和个数。

如图4-8所示，单支避雷针的地面保护半径r_0为

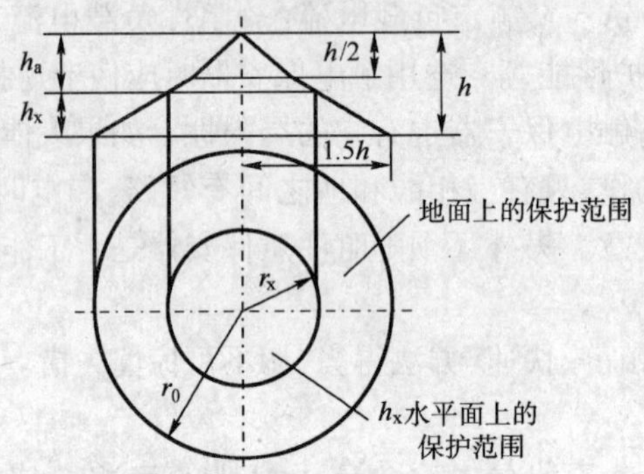

图4-8　单支避雷针的保护范围示意图

$$r_0 = 1.5h(\mathrm{m})$$

式中：h——避雷针距地面的高度（m）。

对于高度为h_x水平面上的保护半径r_x如图4-8示意为：

当$h_x \geqslant h/2$时，　　$r_x = (h - h_x)P = h_a P$

当$h_x < h/2$时，　　$r_x = (1.5h - 2h_x)P$

式中：h——避雷针距地面的高度（m）。

h_x——为保护平面的高度（m）。

h_a——避雷针的有效高度（m）。

P——高度影响系数，当$h \leqslant 30$m时，$P = 1$；$30 < h \leqslant 120$m时，$P = 5.5\sqrt{h}$。

2）避雷线和避雷器

避雷线是架设于高压输电线上方的一种接地线。它是避免雷电落在输电线上传入变电站，使变电站设备损坏的一种避雷装置。

避雷器是用来防止雷电产生的高压，沿线路侵入变电所、配电房或其他建筑物内，以免高电位损坏被保护设备的绝缘。避雷器有阀式避雷针器、管式避雷针器和保护间隙避雷针器三种。

避雷器一端接高压线路，另一端接地。在出现雷击时，避雷器导通，电流流入大地，使设备得到保护。

3）避雷须知

在野外施工的工作人员为避免遭受雷击，应注意以下几点：

①雷雨时不要在空旷的地方行走或站立，不要在树下避雨。

②雷雨时远离电杆、铁塔、架空电线、避雷器或避雷针的接地点，以免遭受跨步电压的袭击。

③雷电时不要站在有烟囱的灶前，特别是在冒烟的烟囱旁边。

④对上述易遭受雷击的地方，均应避免逗留，万一无法离开，应下蹲，双脚并拢。

⑤收音机和电视机的天线应该直接接地。

⑥对遭受雷击的人应马上进行抢救。

复习思考题

1. 工程机械合理使用原则是什么？
2. 选择工程机械时如何做到经济合理？
3. 请说明安全管理的重要性。
4. 什么叫保护接零？它是怎样起保护作用的？
5. 重复接地用于哪种保护措施？它有什么好处？
6. 什么叫保护接地？它适用于怎样的供电系统？
7. 避雷针、避雷线、避雷器的保护作用有何异同？

附　录

附录A　部分电气图用图形符号

名　称	符　号	名　称	符　号	名　称		符　号
导线		线圈，绕组		时间 继电器	动合延 时闭合	
连接的导线		变压器			动断延 时断开	
接地		直流发电机	G		动断延 时断开	
接机壳		直流电动机	M		动合延 时闭合	
开关		三相笼型 异步电动机	M 3～	行程开 关触点	动合	
熔断器		三相绕线式 异步电动机	M 3～		动断	
照明灯 信号灯		多极开关 （多线表示）		按钮	动合 （常开）	
电压表	V	接触器动断 主触点			动断 （常闭）	
二极管		隔离开关		继电器 触点	动合 （常开）	
稳压二极管		负荷开关			动断 （常闭）	
晶体管		电阻器		电容器		
电池		可变电阻器		电喇叭		

附录B　Y系列三相异步电动机性能数据表

型　号	额定数据								堵转电流	堵转转矩	最大转距
	功率（kW）	电压（V）	接法	转速（r/min）	电流（A）	效率（%）	功率因数	温升（K）	额定电流	额定转矩	额定转矩
同步转速1 000r/min(2级)											
Y-801-2	0.75			2 825	1.9	73	0.84				
Y-802-2	1.1				2.6	76	0.86				
Y-90S-2	1.5		Y	2 840	3.4	79	0.85				
Y-90L-2	2.2				4.7	82	0.86			2.2	
Y-100L-2	3			2 880	6.4		0.87				
Y-112M-2	4			2 890	8.2	85.5					
Y-132S1-2	5.5			2 900	11.1		0.88				
Y-132S2-2	7.5				15	86.2					
Y-160M1-2	11				21.8	86.2					
Y-160M2-2	15			2 930	29.4	86.2					
Y-160L-2	18.5				35.5	89					
Y-180M-2	22			2 940	42.2			80	7.0	2.0	
Y-200L1-2	30	380		2 950	56.9	90					2.2
Y-200L2-2	37			2 950	70.4	90.5	0.89				
Y-225M-2	45				83.9	91.5					
Y-250M-2	55		△		102.7	91.4					
Y-280S-2	75				140.1						
Y-280M-2	90			2 970	167	92					
Y-315S-2	110				206.4	91					
Y-315M1-2	132				247.6						
Y-315M2-2	160				298.5					1.6	
Y-355M1-2	200			2 975	369	91.5	0.90				
Y-355M2-2	250				461.2						
Y-801-4	0.55			1 390	1.6	70.5	0.76				
Y-802-4	0.75				2.1	72.1		75	6.5	2.2	
Y-90S-4	1.1			1 400	2.7	79	0.78				
Y-90L-4	1.5		Y	1 400	3.7	79	0.79		6.5		
Y-100L1-4	2.2			1 420	5.0	81	0.82				
Y-100L2-4	3	380	Y		6.8	82.5	0.81			2.2	2.2
Y-112M-4	4				8.8	84.5	0.82		7.0		
Y-132S-3	5.5		△	1 440	11.6	85.5	0.84				
Y-132M-4	7.5				15.4	87	0.85				

续上表

型　号	额定数据								堵转电流	堵转转矩	最大转距
	功率（kW）	电压（V）	接法	转速（r/min）	电流（A）	效率（%）	功率因数	温升（K）	额定电流	额定转矩	额定转矩
同步转速 1 000r/min（2 级）											
Y-160M-4	11			1 460	22.6	88	0.84				
Y-160L-4	15				30.3	88.5	0.85				
Y-180M-4	18.5				35.9	91	0.86			2.0	
Y-180L-4	22			1 470	42.5	91.5	0.86				
Y-200L-4	30				56.8	92.2	0.87			1.9	
Y-225S-4	37				69.8	91.8	0.87			1.9	
Y-225M-4	45				84.2	92.3				2.0	
Y-250M-4	55				102.5	92.6					
Y-280S-4	75	380	△		139.7	92.7	0.88			1.9	
Y-280M-4	90				164.3	93.5					
Y-315S-4	110			1 480	201.9						
Y-315M1-4	132				242.3						
Y-315M2-4	160				293.7					1.8	
Y-355M1-4	200				367.1	93	0.89				
Y-355M2-4	250				458.9						
Y-355M3-4	315				578.2						

附录 C　SL 系列 6～10kV 三相油浸自冷式铝线低损耗变压器技术数据表

型　号	额定容量（kV·A）	电压组合（kV）		损耗（W）		阻抗电压（%）	空载电流（%）	联结组	总重（kg）
		高压	低压	空载	负载				
SL7-30/6	30	6，6.3	0.4	150	800	4	7	Y/Y_0-12	300
SL7-30/10		10							
SL7-50/6	50	6，6.3	0.4	190	1 150	4	6	Y/Y_0-12	460
SL7-50/10		10							
SL7-63/6	63	6，6.3	0.4	220	1 400	4	5	Y/Y_0-12	515
SL7-63/10		10							
SL7-80/6	80	6，6.3	0.4	270	1 650	4	4.7	Y/Y_0-12	570
SL7-80/10		10							
SL7-100/6	100	6，6.3	0.4	320	2 000	4	4.2	Y/Y_0-12	675
SL7-100/10		10							
SL7-125/6	125	6，6.3	0.4	370	2 450	4	4	Y/Y_0-12	780
SL7-125/10		10							

续上表

型号	额定容量(kV·A)	电压组合(kV)		损耗(W)		阻抗电压(%)	空载电流(%)	联结组	总重(kg)
		高压	低压	空载	负载				
SL7-160/6	160	6,6.3	0.4	460	2 850	4	3.5	Y/Y_0-12	945
SL7-160/10		10							
SL7-200/6	200	6,6.3	0.4	540	3 400	4	3.5	Y/Y_0-12	1 070
SL7-200/10		10							
SL7-250/6	250	6,6.3	0.4	640	4 000	4	3.2	Y/Y_0-12	1 255
SL7-250/10		10							
SL7-315/6	315	6,6.3	0.4	760	4 800	4	3.2	Y/Y_0-12	1 525
SL7-315/10		10							
SL7-400/6	400	6,6.3	0.4	920	5 800	4	3.2	Y/Y_0-12	1 775
SL7-400/10		10							
SL7-500/6	500	6,6.3	0.4	1 080	6 900	4	3.2	Y/Y_0-12	2 055
SL7-500/10		10							
SL7-630/6	630	6,6.3	0.4	1 300	8 100	4	3	Y/Y_0-12	2 745
SL7-630/10		10							
SL7-800/6	800	6,6.3	0.4	1 540	9 900	4	2.5	Y/Y_0-12	3 305
SL7-800/10		10							

附录D 常用弧焊变压器主要技术数据及用途表

型号	额定焊接电流(V)	电流调节范围(A)	初级电压(V)	暂载率J_C(%)	额定容量(kV·A)	效率(%)	功率因数	质量(kg)	用途
BX3-120	120	20~160		60	9	81	0.45	100	手工焊薄钢材
BX3-300	300	40~400		60	20.5	83	0.53	190	手工弧焊中等厚度钢材
BX3-500	500	60~670		60	33.2	87	0.52	275	手工弧焊中厚钢材
BX1-135	135	20~150		65	8.7	78	0.48	110	手工弧焊薄钢材
BX1-300	300	75~360		60	24.3				手工弧焊中等厚度钢材
BX1-330	330	50~450		65	21	80	0.5	185	手工弧焊中等厚度钢材
BX1-500	500	115~680	380	60	31	81.5	0.61	200	手工焊,3mm 以上的低碳钢
BX6-120-1	120	45~160		20	6	70	0.6	25	手工弧焊薄钢材
BP-3×500	3×500 (12×155)	(35~210)		100 (65)	122	95		700 (62)	多头手工弧焊中等厚度钢材
BX2-500	500	200~600		60	42	87	0.62	455	作自动或半自动埋焊电源用
BX2-1000	1 000	400~1 200		60	76	90	0.62	560	作自动埋焊电源用
BX2-2000	2 000	800~2 200		50	170	89	0.69	890	作自动埋焊电源用

附录E 常用弧焊整流器主要技术数据及用途表

型 号	额定焊接电流(V)	电流调节范围(A)	初级电压(V)	暂载率 J_C(%)	额定容量(kV·A)	效率(%)	功率因数	质量(kg)	用 途
ZXG1-160	160	40~192	380	60	11.2	55	0.69	138	手工焊薄钢材
ZXG1-250	250	62~300		60	17.8	66	0.64	182	手工弧焊中等厚度钢材
ZXG1-400	400	100~400		60	27.7	76.5	0.68	238	手工弧焊中厚钢材
ZXG-400	400	40~480		60	34.9	75		310	手工弧焊中厚钢材
ZXG7-300-1	300	20~300		60	22	68		200	适合于封闭焊缝的焊接
ZPG1-500	500	35~500		60	37	88		450	氩弧焊,CO_2 弧焊用电源
ZPG7-1000	1 000	200~1 000(降) 100~1 000(平)		100	100	80	0.65	800	粗丝 CO_2 弧焊及埋弧焊电源
ZPG6-1000	1 000	(6×15~300)		100 (60)	70	86		400 (35)	多头手工焊电源

注:输入电源均为三相、50Hz。

附录F 常用直流弧焊电动发电机主要技术数据及用途表

型 号	发电机			电动机			机组效率(%)	质量(kg)	用 途
	额定焊接电流(A)	电流调节范围(A)	暂载率 J_C(%)	功率(kW)	电压(V)	功率因数			
AX7-160	160	40~200	60	6	380	0.88	46.5	200	手工弧焊薄钢材
AX7-250	250	60~300	60	10		0.88	50.5	290	手工弧焊中等厚度钢材
AX7-400	400	80~500	60	20		0.9	53	370	手工弧焊中厚钢材
AX4-300	300	45~375	60	10		0.86	52	250	手工弧焊中等厚度钢材
AX-320	320	45~320	50	14		0.87	53	530	同上

附录G 常用对焊机主要技术数据及用途表

型 号	额定容量(kV·A)	初级电压(V)	暂载率 J_C(%)	低碳钢焊件直径或截面(mm 或 mm^2)	生产率(焊接次数/h)	质量(kg)	用 途
UZ-1	1	380/220	8	直径0.4~2	300	15	低碳钢棒及铜丝和铅丝作电阻对焊用
UZ-3	3	380/220	15	直径1~5	400	60	
UZ-10	10	380/220	15	直径1~8	400	127	
UZ-25	25	380/220	20	面积120(弹簧) 面积300(杠杆)	110	275	用手动电阻或闪光对焊法接低碳钢和有色金属棒材
UZ1-75	75	380/220	20	面积600	75	445	

续上表

型　号	额定容量(kV·A)	初级电压(V)	暂载率 J_C(%)	低碳钢焊件直径或截面(mm 或 mm^2)	生产率(焊接次数/h)	质量(kg)	用　途
UZ1-100	100	380	20	面积 1 000(连续烧化)	20-30	465	用手动电阻或闪光对焊法焊接低碳钢和有色金属棒、环、筒
UZ2-150	150	380	20	面积 1 000	80	2 500	自动连续闪光焊接低碳钢零件
UZ4-300	300	380	20	~55,2 500	20	8 000	
UZ9-200-1	200	380	20	面积 1 000	150	2 800	自动连续闪光焊接铝、铜导线接头
UZ15-75	75	380	20	面积 72 ~ 400	120	1 000	供钻头、游标尺等闪光对焊,可手动或半自动预热
UZ17-150	150	380	50	面积 1 000	120	1 900	供棒材、型钢工具等紧凑截面闪光对焊,可手支或自动预热

附录 H　裸绞线容许载流量表

铝　绞　线			铜　绞　线			钢芯铝绞线	
导线型号	容许电流(A)		导线型号	容许电流(A)		导线型号	屋外容许电流
	屋外	屋内		屋外	屋内		
LJ-10	75	55	TJ-4	50	25	LGJ-16	105
LJ-16	105	80	TJ-6	70	35	LGJ-25	135
LJ-25	135	110	TJ-10	95	60	LGJ-35	170
LJ-35	170	135	TJ-16	130	100	LGJ-50	220
LJ-50	215	170	TJ-25	180	140	LGJ-70	275
LJ-70	265	215	TJ-35	220	175	LGJ-95	335
LJ-95	325	260	TJ-50	270	220	LGJ-120	386
LJ-120	375	310	TJ-60	315	250	LGJ-150	445
LJ-150	440	370	TJ-70	340	180	LGJ-185	515
LJ-185	500	425	TJ-95	415	340	LGJ-240	610
LJ-240	610	—	TJ-120	485	405	LGJ-300	700
LJ-300	680	—	TJ-150	570	480		
LJ-400	830	—	TJ-185	645	550		
LJ-500	980	—	TJ-240	770	650	LGJ-400	800
LJ-625	1 140	—	TJ-300	890	—		
			TJ-400	1 085	—		

注:最高允许温度 70℃。

附录I　塑料绝缘电线空气中敷设长期负载下的载流量表

表称界面(mm^2)	载流量(A)		表称界面(mm^2)	载流量(A)		表称界面(mm^2)	载流量(A)	
	铝芯	铜芯		铝芯	铜芯		铝芯	铜芯
0.2	—	4	2.5	26	31	35	140	180
0.3	—	5	3	28	36	50	175	230
0.4	—	7	4	34	45	70	225	293
0.5	—	9	5	38	50	95	270	350
0.6	—	11	6	40	57	120	30	430
0.7	—	14	8	54	70	150	380	500
0.8	—	17	10	62	85	185	450	580
1	15	20	16	85	110	240	540	710
1.5	19	25	20	100	130	300	130	820
2	22	29	25	110	150	400	700	1 000

附录J　裸电线的常用种类型号及主要用途表

名　称	型　号	截面(或直径)范围	主要用途
圆铜线	TR	0.02~14mm	用作架空线
	TY	0.02~14mm	
	TYT	1.5~5mm	
圆铝线	LR	0.3~10mm	
	LY4、LY6	0.3~10mm	
	LY8、LY9	0.3~5mm	
铝绞线	LJ	10~600mm^2	用于10kV以下挡距<100~125m的架空线
钢芯铝绞线	LGJ	10~400mm^2	用于35kV以上高电压或挡距较大的线路上
轻型钢芯铝绞线	LGJQ	150~700mm^2	
加强型钢芯铝绞线	LGJJ	150~400mm^2	
硬铜绞线	TJ	16~400mm^2	用于机械强度高、耐腐蚀的高、低输电线路

附录K　柴油发电机组数据表

机组型号	技术数据							生产厂
	发电机					柴油机		
	功率(kW)	电压(V)	电流(A)	频率(Hz)	功率因数	型号	功率(kW)	
40GF	40	400/230	72	50	0.8	4120	45(66)	南华
50GF	50	400/230	90	50	0.8	4135	59(80)	南华
75GF	75	400/230	135	50	0.8	65135AD	110(150)	贵柴
90GF	90	400/230	163	50	0.8	6135AD	110(150)	洛发

续上表

机组型号	技术数据							生产厂
	发电机					柴油机		
	功率(kW)	电压(V)	电流(A)	频率(Hz)	功率因数	型号	功率 kW	
120GF	120	400/230	217	50	0.8	6135AD	162(220)	无发
150GF	150	400/230	271	50	0.8	6135ADZ	220(300)	洛发
200GF	200	400/230	362	50	0.8	12V135AD	279(380)	洛发
250GF	250	400/230	451	50	0.8	12V135ZD	441(380)	福发
320GF	320	400/230	578	50	0.8	6200Z	441(600)	潍发
400GF	400	400/230	722	50	0.8	12V180ZD-2	669(910)	福发

注:表中括号内数据为换算成以马力为单位的数值。

参考教学大纲

一、课程性质和任务

本课程是道路桥梁工程技术专业的一门专业技术基础课程。

本课程学习工地常见电气装置的组成、工作过程、施工场地供电设计、典型工程机械电气系统的组成、功能及基本工作过程、机械化施工技术与安全管理的一般知识。

二、课程教学目标

在学完本课程后,学生能够:

1. 描述工地常见电气装置的组成、工作基本过程及电气元件型号合理选用;
2. 描述一般工程机械电气系统的组成、各组成的功能及电气元件型号合理选用的原则;
3. 描述工程机械起动系统、电源系统,以及摊铺机、挖掘机工作装置电气系统基本工作过程;
4. 描述施工场地的供电要求、布置与设计基本原则;
5. 会合理选用与工地相匹配的变压器或发电机组;
6. 会合理设计施工场地供电;
7. 会运用机械技术管理知识进行机械技术及安全管理。

三、教学内容和要求

(一)公路工程施工设备常见控制电路

1. 控制电路基础知识

(1)三相交流电的基本知识;

(2)三相异步电机的构造、基本工作原理、特点、选择方法;

(3)典型控制器件的功能、主要结构、选择方法。

2. 工程机械控制电路实例

(1)水泵控制电路的组成、基本工作过程;

(2)电动机控制电路的组成、基本工作过程;

(3)提料小车控制电路的组成、基本工作过程;

(4)吊车控制电路的组成、基本工作过程。

(二)常见工程机械电气系统

1. 直流电基础知识

(1)直流电基本术语;

(2)基本电路模型,电能、电功率、电位的概念及其计算;

(3)欧姆定律、电路工作状态以及串并联电路特点。

2. 工程机械电气系统基本组成

工程机械电气各系统的组成、功能及选用原则。

3. 工程机械起动系统与电源系统

工程机械起动系统与电源系统的组成、功能。

4. 典型工程机械电子控制系统

摊铺机、挖掘机等典型工程机械的工作装置电气系统基本组成及工作过程。

(三)路桥施工供电

1. 路桥施工供电概述

2. 电网供电

配电基本过程、配电变压器的工作原理及位置选择。

3. 路桥施工供电设计

施工供电设计步骤。

4. 工地照明

工地的照明要求及安全用电的注意事项。

(四)机械设备与机械化施工管理

1. 机械设备与机械化施工管理。

2. 机械化施工的安全管理。

四、课 时 分 配

本课程教学总时数为 24 学时,具体课时分配见下表:

序号	课 程 内 容	教 学 时 数		
		合计	讲课	试验
1	公路工程施工设备常见控制电路	8	7	1
2	常见工程机械电气系统	8	7	1
3	路桥施工供电	4	4	
4	机械设备与机械化施工管理	2	2	
机动		2		
合计		24	22	2

五、说 明

(一)课程讲授重点的说明

根据道路桥梁工程技术专业的需要,本课程讲授的重点应放在工地用电装置的组成、功能及工作过程、工程机械电气系统的组成、功能及工作过程、施工场地用电系统选用等方面,对具体构造可不作详细描述。

(二)对本课程与相关课程关系的说明

本课程与桥梁工程和公路工程管理等课程同步开设。

(三)其他说明

根据本专业学生已有知识的实际情况,在教学过程中要以实物、原理图结合进行讲授。在条件许可时,可改课堂讲授为现场参观讲解。

总之,应采取灵活多样的教学方法和教学手段(包括电化教学),提高学生的学习兴趣,增加理论联系实际的机会,以提高教学效果。

在授课时,应结合具体情况,尽量选用先进设备的电气控制系统作为教学实例,介绍先进设备的新功能、新技术。

本大纲安排实习的时间少,各校可适当利用一些课余时间增加实习时数。另外,大纲所定的综合性实习内容,应根据条件尽量多参观一些机电设备和实际施工作业,也可结合路基路面及桥涵施工实习一起进行。

参 考 文 献

[1] 赵仁杰. 工程机械电气设备. 北京:人民交通出版社,2006.

[2] 王力群,等. 电气、电子控制与安全系统. 北京:化学工业出版社,2005.

[3] 刘良臣. 装载机维修图解手册. 南京:江苏科学技术出版社,2007.

[4] 田流. 现代高等级路面机械. 北京:人民交通出版社,2003.

[5] 焦生杰. 现代筑路机械电液控制技术. 北京:人民交通出版社,1998.

[6] 冯久东. 公路工程机械电气与电子控制装置. 北京:人民交通出版社,2005.

[7] 张凤山,等. 大宇挖掘机构造与维修. 北京:人民邮电出版社,2007.

[8] 冯渊. 汽车电工与电子技术基础. 北京:机械工业出版社,2002.